高职高专"十二五"规划教材

计算机网络基础

主编　李尚勇　胡 元

U0323186

北 京
冶 金 工 业 出 版 社
2020

内 容 提 要

本书安排了七个学习情境，每个学习情境中包含若干个学习任务，内容包括个人计算机的网络接入配置；网络传输介质选择及连接头制作；简单网络组建；中小型企业网建；INTERNET 的应用；个人计算机的安全防护；网络故障的分析与排除等。

本书可作为高职高专计算机应用专业有关课程的教材和非计算机专业网络技术教材，也可作为各种计算机网络技术普及知识和技能方面的培训教材，还可供广大计算机用户和网络管理员参考。

图书在版编目（CIP）数据

计算机网络基础/李尚勇，胡元主编 . —北京：冶金工业出版社，2015.8（2020.1 重印）
高职高专"十二五"规划教材
ISBN 978-7-5024-6968-9

Ⅰ.①计…　Ⅱ.①李…　②胡…　Ⅲ.①计算机网络—高等职业教育—教材　Ⅳ.①TP393

中国版本图书馆 CIP 数据核字（2015）第 155271 号

出 版 人　陈玉千
地　　址　北京市东城区嵩祝院北巷 39 号　邮编　100009　电话　（010）64027926
网　　址　www. cnmip. com. cn　电子信箱　yjcbs@ cnmip. com. cn
责任编辑　俞跃春　杨盈园　王雪涛　美术编辑　彭子赫　版式设计　孙跃红
责任校对　卿文春　责任印制　李玉山
ISBN 978-7-5024-6968-9
冶金工业出版社出版发行；各地新华书店经销；固安华明印业有限公司印刷
2015 年 8 月第 1 版，2020 年 1 月第 2 次印刷
787mm×1092mm　1/16；14.5 印张；347 千字；221 页
48.00 元

冶金工业出版社　投稿电话　（010）64027932　投稿信箱　tougao@cnmip. com. cn
冶金工业出版社营销中心　电话　（010）64044283　传真　（010）64027893
冶金工业出版社天猫旗舰店　yjgycbs. tmall. com
（本书如有印装质量问题，本社营销中心负责退换）

前　言

随着互联网技术及应用的快速发展，网络技术已经走下神坛，成为每个人工作、生活、娱乐所必备的基本技能。基于此，本书在编排及内容的选取上，坚持管用、够用、实用的原则，不过分强调学科体系的内在联系，并尽量降低学习门槛，着重解决大家在工作、学习及生活中遇到的网络应用问题。

在编写本书的过程中恰逢我院建设国家骨干高职院校的大好契机，我们多次与省内诸多知名示范校的计算机教育专家、企事业单位的专家进行研讨，对高职院校计算机网络基础的教学内容进行深入分析和提炼。专家们建议，以家庭、企业中的网络应用的典型实际案例为主线，采用项目导向、任务驱动模式，让学生在练中求学，学中求练，边练边学，力求学得会，用得上。

本书共安排了7个学习情境，每个学习情境中包含若干个学习任务，任务之间环环相扣，层层递进。任务内容包括个人计算机的网络接入配置；网络传输介质选择及连接头制作；简单网络组建；中小型企业网建；INTERNET的应用；个人计算机的安全防护；网络故障的分析与排除等。全书由李尚勇、胡元担任主编，参加编写的还有邓明华、王宏、董其维。

本书总结了编者从事计算机网络教学和工程实践的经验，将一些理论的内容放到具体的实践案例中去介绍，让学生在完成工作任务的同时自然而然地掌握相关知识，达到相应的实践效果，真正做到理论与实践结合，能够学以致用。

本书在编写过程中得到了四川机电职业技术学院领导和同事们的大力支持，在此向他们表示最真挚的感谢。

由于计算机网络技术高速发展，加之作者水平有限，书中若有不足之处，恳请读者和各位专家批评指正。

编　者
2015年5月

目 录

情境 1 个人计算机的网络接入配置

任务 1.1 安装计算机网卡

【知识要点】

知识目标：了解网卡的功能；掌握网卡相关参数的含义。

能力目标：掌握在 Windows 下网卡驱动程序的安装过程以及网卡参数的修改与配置。

1.1.1 任务描述与分析

1.1.1.1 任务描述

计算机网卡的安装，是实现网络通讯的前提。在 Windows 下实现有线网卡及无线网卡硬件及网络驱动程序的安装。

1.1.1.2 任务分析

计算机网卡的安装主要分为三个步骤，即网卡硬件的安装；网卡驱动程序的安装；网卡参数配置。

1.1.2 相关知识

1.1.2.1 网卡的介绍与分类

网卡有许多种，按照数据链路层控制来分有以太网卡，令牌环网卡，ATM 网卡等；按照物理层来分类有无线网卡，RJ-45 网卡，同轴电缆网卡，光线网卡等。它们的数据链路控制、寻址、帧结构等不同；物理上的连接方式不同、数据的编码、信号传输的介质、电平等不同。以下主要介绍最常用到的以太网网卡，如图 1-1 所示。

以太网采用 CSMA/CD（载波侦听多路访问/冲突检测）的控制技术。它主要定义了物理层和数据链路层的工作方式。物理层和数据链路层各自实现自己的功能，相互之间不关心对方如何操作。二者之间有标准的接口（例如 MII、GMII 等）来传递数据和控制。

以太网卡的物理层可以包含很多种技术，

图 1-1 网卡

常见的有 RJ-45、光线、无线等，它们的区别在于传送信号的物理介质和媒质不同。这些都在 IEEE 的 802 协议族中有详细的定义。在家庭和办公室常用的是 RJ-45 接口以太网卡。

1.1.2.2　驱动程序

驱动程序（Device Driver）：全称为设备驱动程序。它是一种可以使计算机和设备通信的特殊程序，可以说相当于硬件的接口，操作系统只有通过这个接口，才能控制硬件设备的工作，假如某设备的驱动程序未能正确安装，便不能正常工作。因此，驱动程序被誉为"硬件的灵魂"、"硬件的主宰"、"硬件和系统之间的桥梁"等。网卡驱动程序就是 CPU 控制和使用网卡的程序。

1.1.2.3　网卡的速率

网卡传输速率是指网卡每秒钟接收或发送数据的能力，单位是 Mbps（兆位/秒）。由于存在多种规范的以太网，所以网卡也存在多种传输速率，以适应它所兼容的以太网。目前网卡在标准以太网中速度为 10Mbps，在快速以太网中速度为 100Mbps，在千兆以太网中速度为 1000Mbps，最近又出现了万兆网卡。

目前主流的网卡主要有 10Mbps 网卡、100Mbps 以太网卡、10Mbps/100Mbps 自适应网卡、1000Mbps 以太网卡以及最新出现的万兆网卡五种。对于一般用户选购 10Mbps/100Mbps 自适应网卡即可。网卡通信速率如图 1-2 所示。

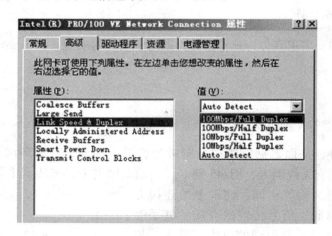

图 1-2　网卡通信速率

1.1.3　任务实施

1.1.3.1　安装以太网卡

目前市场上适合家庭用户使用的 PCI 网卡绝大多数都属于 10Mbps/100Mbps 自适应网卡，比较常见的有 TP-Link 生产的采用 RTL8139DL 芯片的 TF-3239DL 网卡和 D-Link 生产的 DFE-530TX 网卡，如图 1-3 所示。

图 1-3　TF-3239DL 网卡

下面以将 TF-3239DL 网卡安装到计算机中为例，操作步骤如下所述：

打开计算机机箱，卸下与主板的 PCI 插槽相对应的机箱后挡条。然后将网卡插入到 PCI 插槽中，并将网卡挡板固定在机箱上，如图 1-4 所示。

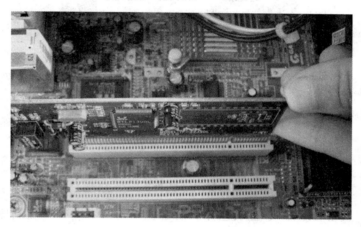

图 1-4　将网卡插入 PCI 插槽

1.1.3.2　安装网卡驱动程序

在 Window XP 或 Win 7 系统中已集成了大部分网卡的驱动程序，当网卡的硬件安装完成后，系统会自动安装相应的驱动程序。但有部分网卡，系统无法识别，需要手动安装驱动程序，在此以 USB 无线网卡在 Windows 7 下的自动和手动安装为例，说明其安装过程。

Windows 7 系统检测到无线网卡，自动安装驱动程序，如图 1-5 所示。

图 1-5　正在自动安装驱动程序

成功安装网卡驱动程序，如图 1-6 所示。

图 1-6　安装成功

如果您不想用系统自带的驱动：

（1）在我公司网站下载 Windows 7 系统驱动（也可以安装 Vista 系统驱动）。

（2）桌面图标"计算机"上点击右键，选择"管理"，如图 1-7 所示。

图 1-7　计算机管理

（3）选择"设备管理器"，在灰色标识设备上点击右键选择"更新驱动程序软件"，如图 1-8 所示。

（4）选择"浏览计算机以查找驱动程序软件（R）"，如图 1-9 所示。

（5）点击"浏览"，如图 1-10 所示。

（6）选择驱动程序所存放位置"确定"。64 位系统请选择 Windows7 64-bit 文件夹，如图 1-11 所示。

（7）点击"下一步"，如图 1-12 所示。

（8）如果弹出如下对话框，请选择"始终安装此驱动程序软件（I）"，如图 1-13 所示。

（9）驱动程序安装成功，如图 1-14 所示。

1.1.4　知识拓展

1.1.4.1　网卡的通讯方式

全双工（Full Duplex）是指在发送数据的同时也能够接收数据，两者同步进行。这好像平时打电话一样，说话的同时也能够听到对方的声音。目前的网卡一般都支持全双工。

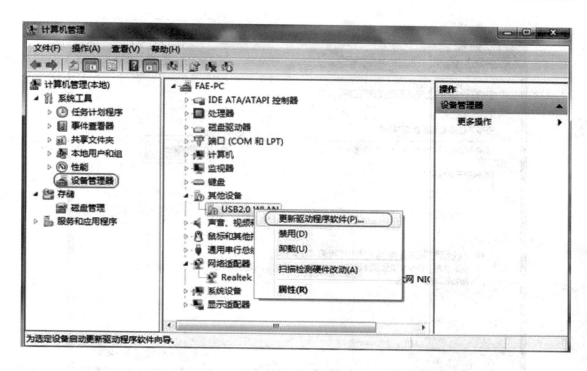

图 1-8   选择更新设备

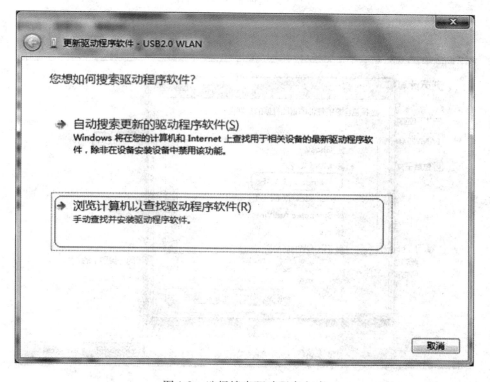

图 1-9   选择搜索驱动程序方式

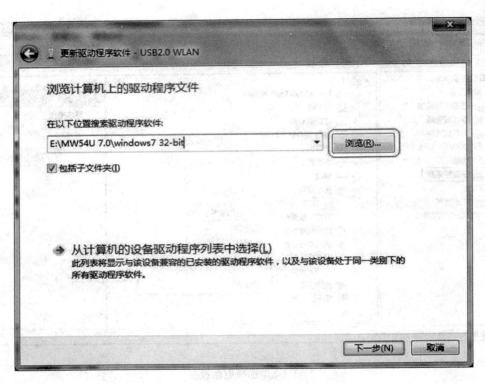

图 1-10 选择驱动程序路径

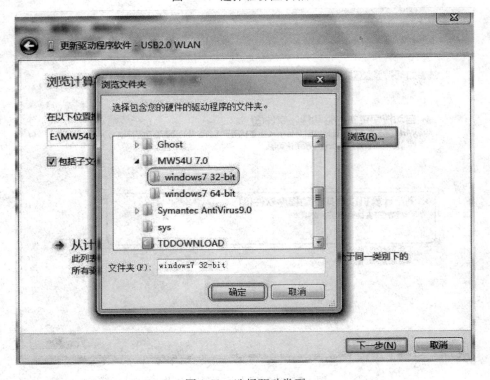

图 1-11 选择驱动类型

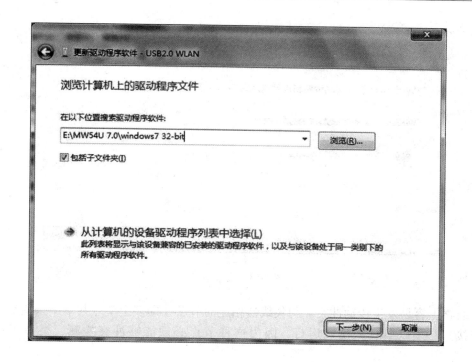

图 1-12　确定驱动程序路径

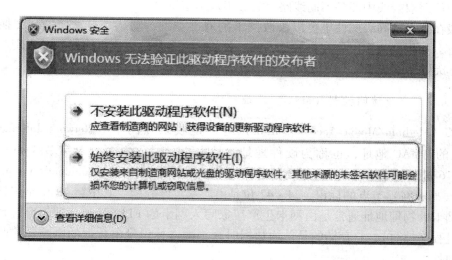

图 1-13　确定安装驱动程序

半双工（Half Duplex）是指一个时间段内只有一个动作发生。举个简单例子，一条窄窄的马路，同时只能有一辆车通过，当目前有两辆车对开，这种情况下就只能一辆先过，等到头后另一辆再开，这个例子就形象地说明了半双工的原理。早期的对讲机以及早期集线器等设备都是基于半双工的产品。随着技术的不断进步，半双工会逐渐退出历史舞台。

半双工传输模式采用载波侦听多路访问/冲突检测。传统的共享型 LAN 以半双工模式

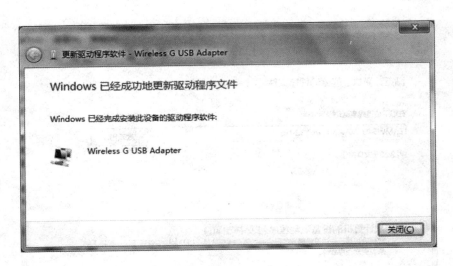

图 1-14　安装成功

运行，线路上容易发生传输冲突。与集线器相连的节点（即多个节点共享一条到交换机端口的连接）必须以半双工模式运行。因为这种节点必须能够冲突检测，类似于单车道桥梁。

全双工传输模式可以用于点到点以太网连接和快速以太网连接，同时不会发生冲突，因为它们使用双绞线中两条不同线路。类似于双车道桥梁。

一般在网卡的高级属性里可以修改网卡的双工类型，默认是自动协商。交换机上有 Duplex 灯，如果亮表示工作在全双工方式。目前绝大多数的交换机均能自动识别与支持双工方式，无需手工设置。

1.1.4.2　介质访问控制（MAC）地址

MAC（Medium/Media Access Control）地址是收录在网卡（Network Interface Card，NIC）里的。MAC 地址，也称为硬件地址，是由 48 比特/bit 长（6 字节/byte，1byte = 8bits），16 进制的数字组成。0 ~ 23 位称为组织唯一标志符（organizationally unique，是识别 LAN（局域网）节点的标识。24 ~ 47 位是由厂家自己分配。其中第 48 位是组播地址标志位。网卡的物理地址通常是由网卡生产厂家写入网卡的 EPROM（一种闪存芯片，通常可以通过程序擦写），它存储的是传输数据时真正赖以标识发出数据的电脑和接收数据的主机的地址。

也就是说，在网络底层的物理传输过程中，是通过物理地址来识别主机的，它一定是全球唯一的。比如，著名的以太网卡，其物理地址是 48bit（比特位）的整数，如：44-45-53-54-00-00，以机器可读的方式存入主机接口中。隶属于电气和电子工程师协会（IEEE）的以太网地址管理机构将以太网地址，也就是 48 比特的不同组合，分为若干独立的连续地址组，生产以太网网卡的厂家就购买其中一组，具体生产时，逐个将唯一地址赋予以太网卡。

形象地说，MAC 地址就如同身份证上的身份证号码，具有全球唯一性。

任务 1.2　Windows 的网络接入配置

【知识要点】

掌握 Windows 中的有线网络参数配置，了解 IP 地址，子网掩码，网关的基本含义及用途。

掌握 Windows 中无线网络的相关参数配置。

1.2.1　任务描述与分析

1.2.1.1　任务描述

在日常的学习和工作中，人们经常需要将自己的计算机接入家庭网络或工作网络中，本次任务将使用 Windows 所提供的网络配置功能，实现计算机的网络接入。

1.2.1.2　任务分析

Windows 网络参数配置，主要分为有线网络的网络参数配置和无线网络的网络参数配置。

1.2.2　相关知识

1.2.2.1　Windows 的网络与共享中心的功能

网络和共享中心是 Windows 操作系统对网络配置和应用的最主要的图形化操作界面，Windows 网络和共享中心的打开方式主要有两种：

（1）在系统托盘中打开。右击传统桌面右下侧网络图标，单击"打开网络和共享中心"，如图 1-15 所示。

图 1-15　任务栏中的网络图标

需要注意的是，图中的网络图标为已连接到无线网络模式的图标，根据网络连接方式的不同，另外还有类似计算机样式的网络图标等几种不同的网络图标样式，如图 1-16 所示。

（2）在控制面板中打开网络和共享中心。打开控制面板，在控制面板中，单击"网络和 Internet"，进入网络与共享中心，如图 1-17 所示。

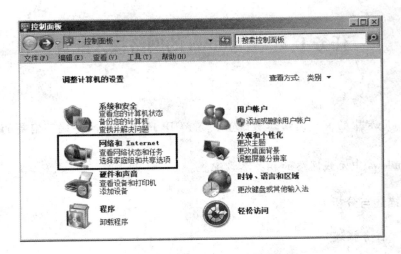

图 1-16　任务栏中的网络图标

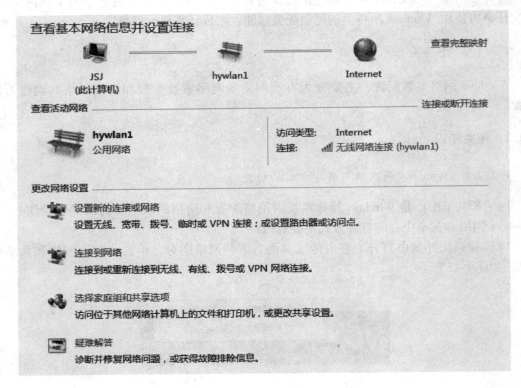

图 1-17　网络和共享中心

1.2.2.2　IP 地址、子网掩码、网关

IP 地址，就是每个连接在 Internet 上的主机分配的一个地址，类似于这台电脑的标志，和计算机名称有相同的作用，但在网络上不是靠计算机名识别的，而是靠 IP 地址识别的。按照 TCP/IP 协议规定，IP 地址用二进制来表示，目前有 IPv4 和 IPv6 两个版本。在 IPv4

中规定 IP 地址长 32bit；在 IPv6 中，其 IP 地址的长度为 128bit。为了方便人们的使用，IP 地址经常被写成十进制的形式，中间使用符号"."分开不同的字节。如果利用 TCP/IP 协议组网，那么一个网段内的所有电脑都必须有一个 IP 地址，并且不能重复。

子网掩码和 IP 地址是配合一起的，将 IP 地址分成网络段和主机段两段。例如 IP 地址是 192.168.1.152，子网掩码是 255.255.255.0，那么子网掩码全是 255 的对应的 IP 地址段表示网络段，是 0 的对应的 IP 地址段表示主机段。以上为例，则 192.168.1 表示网络，152 表示主机。如果需要在这个网络内新增一台主机，则只要且仅只能改变最后一位。这样才能保证在同一网络。

网关（Gateway）就是一个网络连接到另一个网络的"关口"，在 Windows 的网络配置中，其实质上是一个网络通向其他网络的 IP 地址。如果所要通信的目标主机与其不在同一网络内，就必须先把数据转发给网关，由它代为传递出去。类似出国时的海关，必须通过它才可以出国。因此通信目标必须通过网关，才可能达到另一个网络，比如要达到 Internet，那么必须通过一台可以上网的电脑（或者路由器），才可以上网，那么网关就是那台电脑的 IP 地址。

1.2.3　任务实施

1.2.3.1　Windows 有线网络接入的配置

选择"控制面板"→"网络与 Internet"→"本地连接"，单击右键，在弹出菜单中选择"属性"选项，如图 1-18 所示。

图 1-18　本地连接

选择协议，单击"属性"按钮，如图 1-19 所示。

如果网络接入方提供 DHCP 自动分配 IP 地址功能，可选择"自动获得 IP 地址"选项，否则须手工设置相应的 IP 地址、子网掩码、默认网关、DNS 服务器等相关参数，如图 1-20 所示。因各网络的设置不同，具体参数值可询问网络管理员。

1.2.3.2　Windows 下的无线网络接入设置

在 Windows 7 中系统界面右下角的网络连接的图标变成了，鼠标点一下系统就会自动搜索到各种无线网络信号。

点选需要连接的网络信号，点"连接"按钮，系统就会建立连接，如果是需要经常使用的无线网络信号，则可以在点击"连接"前，先勾选"自动连接"选项，下次再开机，

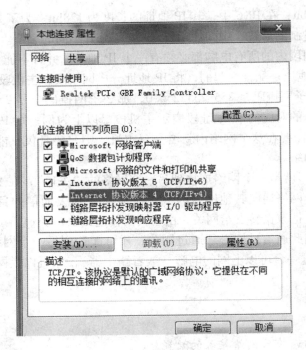

图 1-19 本地连接属性

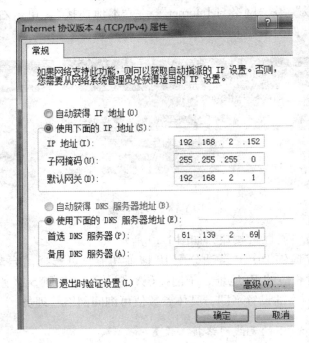

图 1-20 TCP/IPv4 属性

系统会自动识别网络信号并连接。如果选择的网络连接含密码保护，系统会显示📶，正确输入密码后，就可以连接到网络了。

如果选择的网络连接有密码保护，系统会显示📶。那么请注意，现在无线网络状况复杂，为了信息安全，在不熟悉或无法确认此网络信号是否安全的情况下，请避免连接这些带警示的网络信号。

网络连接上以后，桌面任务栏右下角的网络连接图标会变成 ，还可以随时看到无线信号强弱的变化，如图 1-21 所示。

图 1-21　检测到的无线信号

1.2.4　知识拓展

1.2.4.1　动态主机配置协议（DHCP）协议

DHCP（Dynamic Host Configuration Protocol）为互联网上主机提供地址和配置参数。DHCP 是基于 Client/Server 工作模式，DHCP 服务器需要为主机分配 IP 地址和提供主机配置参数。DHCP 具有以下功能：

（1）保证任何 IP 地址在同一时刻只能由一台 DHCP 客户机所使用。

（2）DHCP 应当可以给用户分配永久固定的 IP 地址。

（3）DHCP 应当可以同用其他方法获得 IP 地址的主机共存（如手工配置 IP 地址的主机）。

（4）DHCP 服务器应当向现有的 BOOTP 客户端提供服务。

（5）DHCP 有三种机制分配 IP 地址：

1）自动分配（Automatic Allocation），DHCP 给客户端分配永久性的 IP 地址。

2）动态分配（Dynamic Allocation），DHCP 给客户端分配过一段时间会过期的 IP 地址（或者客户端可以主动释放该地址）。

3）手工配置（Manual Allocation），由网络管理员给客户端指定 IP 地址，管理员可以通过 DHCP 将指定的 IP 地址发给客户端。

三种地址分配方式中，只有动态分配可以重复使用客户端不再需要的地址。

1.2.4.2　无线网络加密方式

无线网络加密方式一般有三种：WEP、WPA 以及 WPA-PSK，下面来简单介绍一下它们各自的特点。

A　WEP 安全加密方式

WEP 的全称：802.11 Wired Equivalent Privacy，它是无线网络第一个安全协议。WEP 特性里使用了一种称为 rc4 prng 的算法。所有客户端和无线接入点都会以一个共享的密钥进行加密，密钥越长，就越安全。但因为使用的是静态的密钥，很容易被黑客破解。

B　WPA 安全加密方式

WPA 的全称：Wi-Fi Protected Access，作为 WEP 的升级版，它在安全性上有了很大的改进，主要体现在身份认证、加密机制和数据包检查等方面。WPA 的优点是使用了动态的密钥。但完整的 WPA 设置是比较复杂的，由于操作过程比较困难，一般用户很难设置。

C　WPA-PSK 安全加密方式

由于 WPA 操作复杂，因此在家庭网络中经常采用的是 WPA 的简化版：WPA-PSK。WPA-PSK 可以看成是一个认证机制，只要求一个单一的密码进入每个无线局域网节点，如密码正确，就可以使用无线网络，加密机制和 WPA 是相同的。两者的区别是：WPA-PSK 认证被简化为只要一个简单的密码，而不需要设置复杂的身份证明等信息。WPA-PSK 的安全性没有 WPA 强，但是因为密钥是动态的，其安全性比 WEP 要强很多。这也是目前在家庭无线网络中选择最多的加密方式。

1.2.4.3　无线网络的 SSID

SSID（Service Set Identifier）包含了 ESSID 和 BSSID，它们用来区分不同的网络，最多可以有 32 个字符，无线网卡设置不同的 SSID 就可以进入不同网络，SSID 通常由 AP 广播出来，通过 Windows 自带的扫描功能可以查看当前区域内的 SSID。出于安全考虑可以不广播 SSID，此时用户就要手工设置 SSID 才能进入相应的网络。简单说，SSID 就是一个局域网的名称，只有设置为名称相同 SSID 的值的电脑才能互相通信。

任务 1.3　网络的连通性测试

【知识要点】

掌握在 Windows 下进行网络连通性测试的命令和基本方法，形成能自主判断网络简单故障点，大致评估网络通信质量的能力。

1.3.1　任务描述与分析

1.3.1.1　任务描述

在网络故障中，最常见的故障就是网络的连通性的故障。通过对网络连通性的分析，从故障出发，运用网络诊断工具，就可以快速、准确地确定网络的故障点，排除故障，恢复网络的正常运行。ping 命令是一种常见的网络连通性测试命令。需要注意的是检测顺序，必须遵守的规则是由近到远的检测顺序，否则会出现网络问题的错误定位。当某一步连通检测出障碍，则定位出网络连通的故障点所在，从而给网络管理员解决连通故障带来方便。

1.3.1.2　任务分析

掌握 ping 等命令的使用，能够使用 ping 命令验证目标主机的连通性，掌握常用的 TCP/IP 网络故障诊断和排除方法。

1.3.2　相关知识

1.3.2.1　PING 命令

PING（Packet Internet Groper），因特网包探索器，用于测试网络连接量的程序。Ping 发送一个 ICMP（Internet Control Messages Protocol）即因特网信报控制协议；回声请求消息给目的地并报告是否收到所希望的 ICMP echo（ICMP 回声应答）。它是用来检查网络是否通畅或者网络连接速度的命令，其命令格式及相关参数如下：

ping［-t］［-a］［-n count］［-l length］［-f］［-i ttl］［-v tos］［-r count］［-s count］［-j computer-list］|［-k computer-list］［-w timeout］destination-list

-t Ping 指定的计算机直到中断。

-a 将地址解析为计算机名。

-n count 发送 count 指定的 ECHO 数据包数。默认值为 4。

-l length 发送包含由 length 指定的数据量的 ECHO 数据包。默认为 32 字节；最大值是 65，527。

-f 在数据包中发送"不要分段"标志。数据包就不会被路由上的网关分段。

-i ttl 将"生存时间"字段设置为 ttl 指定的值。

-v tos 将"服务类型"字段设置为 tos 指定的值。

-r count 在"记录路由"字段中记录传出和返回数据包的路由。count 可以指定最少 1 台，最多 9 台计算机。

-s count 指定 count 指定的跃点数的时间戳。

-j computer-list 利用 computer-list 指定的计算机列表路由数据包。连续计算机可以被中间网关分隔（路由稀疏源）IP 允许的最大数量为 9。

-k computer-list 利用 computer-list 指定的计算机列表路由数据包。连续计算机不能被中间网关分隔（路由严格源）IP 允许的最大数量为 9。

-w timeout 指定超时间隔，单位为毫秒。

destination-list 指定要 ping 的远程计算机。

1.3.2.2　Ipconfig 命令

Ipconfig 是调试计算机网络的常用命令，通常使用它显示计算机中网络适配器的 IP 地址、子网掩码及默认网关。其实这只是 Ipconfig 的不带参数用法，而它的带参数用法，在网络应用中也是相当不错的。

A　参数说明

a　/all

显示所有网络适配器（网卡、拨号连接等）的完整 TCP/IP 配置信息。与不带参数的用法相比，它的信息更全更多，如 IP 是否动态分配、显示网卡的物理地址（mac 地址，之前文章说过）等。

b　/batch 文件名

将 Ipconfig 所显示信息以文本方式写入指定文件。此参数可用来备份本机的网络配置。

c　/release_all 和/release N

释放全部（或指定）适配器的由 DHCP 分配的动态 IP 地址。此参数适用于 IP 地址非静态分配的网卡，通常和下文的 renew 参数结合使用。

d　ipconfig /renew_all 或 ipconfig /renew N

为全部（或指定）适配器重新分配 IP 地址。此参数同样仅适用于 IP 地址非静态分配的网卡，通常和上文的 release 参数结合使用。

B　应用实例

（1）备份网络设置。

ipconfig /batch bak-netcfg

说明：将有关网络配置的信息备份到文件 bak-netcfg 中。

（2）为网卡动态分配新地址。

ipconfig /release 1

说明：去除网卡（适配器 1）的动态 IP 地址。

ipconfig /renew 1

说明：为网卡重新动态分配 IP 地址。

如果网络连通发生故障，凑巧网卡的 IP 地址是自动分配的，就可以使用实例（2）的方法了。

1.3.3　任务实施

步骤 1：进入 Windows 命令输入框：点击开始菜单→运行→输入 cmd，然后回车，如图 1-22 所示。

图 1-22　启动命令窗口

步骤 2：在出现的 Windows 命令输入中输入 ipconfig/all 命令查看主机的网络参数，如图 1-23 所示。

通过此操作，可以了解所操作机器的各项参数：

主机名称：b15

物理地址：00-19-21-27-C9-5A

网络地址：192.168.1.44

本网掩码：255.255.255.0

默认网关：192.168.1.254

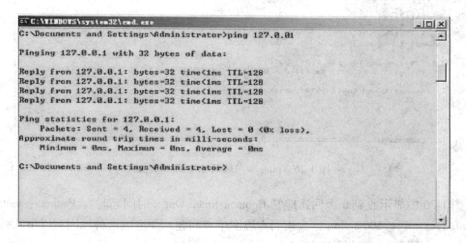

图 1-23　网络参数

步骤 3：测试本机 TCP/IP 协议安装配置是否正确，即 ping 127.0.0.1 测试结果，如图 1-24 所示。

```
C:\WINDOWS\system32\cmd.exe                                    _|_|X|
C:\Documents and Settings\Administrator>ping 127.0.01

Pinging 127.0.0.1 with 32 bytes of data:

Reply from 127.0.0.1: bytes=32 time<1ms TTL=128
Reply from 127.0.0.1: bytes=32 time<1ms TTL=128
Reply from 127.0.0.1: bytes=32 time<1ms TTL=128
Reply from 127.0.0.1: bytes=32 time<1ms TTL=128

Ping statistics for 127.0.0.1:
    Packets: Sent = 4, Received = 4, Lost = 0 (0% loss),
Approximate round trip times in milli-seconds:
    Minimum = 0ms, Maximum = 0ms, Average = 0ms

C:\Documents and Settings\Administrator>
```

图 1-24　ping127.0.0.1

127.0.0.1 是本地回环地址。由 Reply from 127.0.0.1：bytes = 32　time < 1ms　TTL = 128 packets：sent = 4　Received = 4　Lost = 0 表明本机 TCP/IP 协议运行正常。然后进入下一个步骤继续诊断。

步骤 4：ping 本机 IP 检查本机的网卡是否正常。→ping 192.168.1.44

由图 1-25 可知，发送 4 个 ICMP 回送请求，每个 32 字节数据，得到 4 个回送应答。通过参数 Packets：sent = 4　Received = 4　Lost = 0　TTL = 128 说明数据包返回正确，没有丢包现象，表明本机网卡工作正常，进入下一步骤继续检查。

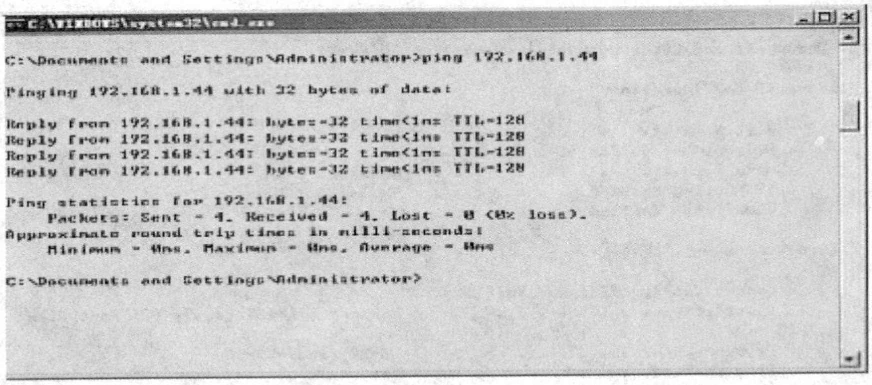

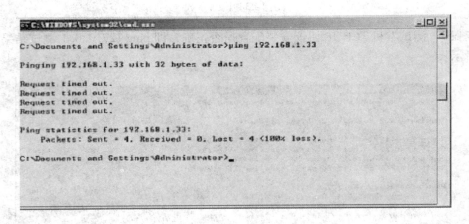

图 1-25　ping 本机 IP 地址

步骤 5：检测本机所在局域网是否正常。通过 ping 本网邻居的 IP 地址来间接测试本网是否运行正常。邻居有一台 192.168.1.33 机器正在运行，可以 ping 它。ping 本网段其他主机 IP 地址如图 1-26 所示。

图 1-26　ping 本网段其他主机 IP 地址

从图 1-26 中显示收到 0 个回送应答 Request timed Out（时间超时）。Packets：sent =4 Received =0 Lost =4 ＜ 100% loss ＞，表明本段网络有问题。而造成这种原因有以下几种可能：

（1）对方机器没有运行 IP 协议。

（2）对方计算机上安装了防火墙软件，启用了禁止 ping 入/出。对方机器没有运行 IP 协议。

（3）本局域网运行不正常。

对上述三种可能逐个排查。经检查，对方计算机网络 IP 协议安装正常。再看对方机器的防火墙软件设置，是否禁止 ping 入/出。经检查，发现对方机器运行了 Windows 自带的防火墙，关闭被测试方机器上运行的防火墙，再重新 ping 邻居 IP 地址，成功 ping 通，说明本地局域网运行正常。

步骤 6：检测本网的默认网关是否正常：输入 ping 192.168.1.254，如图 1-27 所示。

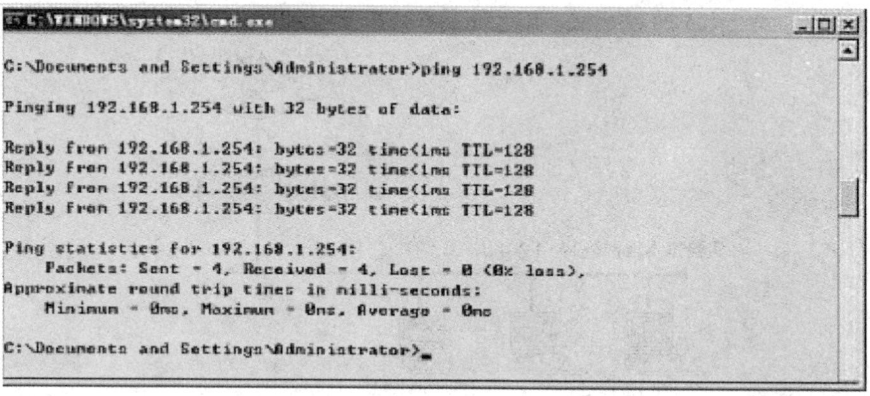

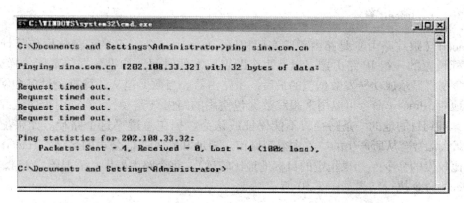

图 1-27　ping 本网段网关 IP 地址

通过参数 Packets：sent = 4 Received = 4 Lost = 0 TTL = 128 说明数据包返回正确，没有丢失现象，表示局域网中的网关路由器正在运行并能够作出应答。所以该台计算机网关配置正确。

步骤 7：检测远程主机的连通性。设远程目的主机为 sina 网站服务器，键入命令：ping sina. com. cn ，运行结果如图 1-28 所示。

图 1-28　ping 公网域名

通过参数 Packets：sent = 4 Received = 0，Lost = 4，说明不能达到对方，有以下几种原因：

（1）网络连接的某个环节可能出现了故障，数据包丢失不能到达对方。

（2）目的主机把相关端口屏蔽。

（3）网络管理员把交换机或路由器的对外端口关闭，不能连接到外网。

步骤 8：根据以上实验步骤，画出本地网络的拓扑结构图，如图 1-29 所示。

通过上面的实验步骤，得出如下结论：

（1）本机（192. 168. 1. 44）IP 协议安装正确且运行正常。

（2）本机（192. 168. 1. 44）IP 网卡运行正常。

（3）本机所在局域网（192. 168. 1. 0）工作正常，为提高网络安全性，应开启各台机

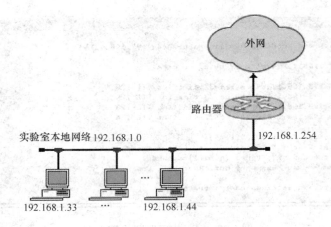

图 1-29　网络拓扑图

器的防火墙。

（4）本机所在局域网出口网关工作正常，为了避免外部黑客对实验室网络的入侵攻击，应断开对外路由。

1.3.4　知识拓展

1.3.4.1　tracert 命令

　　Tracert（跟踪路由）是路由跟踪实用程序，tracert 命令用于显示将数据包从计算机传递到目标位置的一组 IP 路由器，以及每个跃点所需的时间。如果数据包不能传递到目标，tracert 命令将显示成功转发数据包的最后一个路由器。当数据包从计算机经过多个网关传送到目的地时，tracert 命令可以用来跟踪数据包使用的路由（路径）。该实用程序跟踪的路径是源计算机到目的地的一条路径，不能保证或认为数据包总遵循这个路径。如果配置使用DNS，那么常常会从所产生的应答中得到城市、地址和常见通信公司的名字。Tracert 是一个运行得比较慢的命令（如果指定的目标地址比较远），每个路由器大约需要给它 15s。

　　tracert 命令执行结果如图 1-30 所示。

```
C:\>tracert www.sina.com.cn

Tracing route to newscd.sina.com.cn [221.236.31.149]
over a maximum of 30 hops:

  1     2 ms     2 ms     2 ms  10.10.10.1
  2     *        *        *     Request timed out.
  3    33 ms    34 ms    31 ms  222.178.48.77
  4    30 ms    28 ms    30 ms  222.176.3.177
  5    42 ms    40 ms    43 ms  222.176.2.230
  6    18 ms    15 ms    15 ms  118.123.196.210
  7    42 ms    46 ms    45 ms  222.211.63.238
  8    42 ms    41 ms    43 ms  221.236.8.98
  9    33 ms    31 ms    29 ms  221.236.31.149

Trace complete.
```

图 1-30　tracert 命令执行结果

选项：

-d　指定不将 IP 地址解析到主机名称。

-h maximum_hops 指定跃点数以跟踪到称为 target_name 的主机的路由。

用 tracert 解决问题：

当使用 ping 命令查到网络不通时，可以使用 tracert 命令确定网络故障发生的位置。使用 tracert 命令跟踪路径打开命令提示符，然后键入：tracert 域名或者键入 tracert ip 地址，其中 host_name 或 ip_address 分别是远程计算机的主机名或 IP 地址。例如，要跟踪从该计算机到 www. microsoft. com 的连接路由，请在命令提示行键入：tracert www. microsoft. com

1. 3. 4. 2　Netstat 命令

Netstat 用于显示与 IP、TCP、UDP 和 ICMP 协议相关的统计数据，一般用于检验本机各端口的网络连接情况。

如果计算机有时候接收到的数据包导致出错数据或故障，不必感到奇怪，TCP/IP 可以容许这些类型的错误，并能够自动重发数据包。但如果累计的出错情况数目占到所接收的 IP 数据包相当大的百分比，或者它的数目正迅速增加，那么就应该使用 Netstat 查一查为什么会出现这些情况。

Netstat 的一些常用选项：

（1）netstat-s——本选项能够按照各个协议分别显示其统计数据。如果应用程序（如 Web 浏览器）运行速度比较慢，或者不能显示 Web 页之类的数据，那么就可以用本选项来查看一下所显示的信息。需要仔细查看统计数据的各行，找到出错的关键字，进而确定问题所在。

（2）netstat-e——本选项用于显示关于以太网的统计数据。它列出的项目包括传送的数据包的总字节数、错误数、删除数、数据包的数量和广播的数量。这些统计数据既有发送的数据包数量，也有接收的数据包数量。这个选项可以用来统计一些基本的网络流量。

（3）netstat-r——本选项可以显示关于路由表的信息，类似于后面所讲使用 route print 命令时看到的信息。除了显示有效路由外，还显示当前有效的连接。

（4）netstat-a——本选项显示一个所有的有效连接信息列表，包括已建立的连接（ES-TABLISHED），也包括监听连接请求（LISTENING）的那些连接，断开连接（CLOSE_WAIT）或者处于联机等待状态的（TIME_WAIT）等。

（5）netstat-n——显示所有已建立的有效连接。

情境 2　认识网络传输介质

任务 2.1　网络传输介质的选择

【知识要点】

知识目标：了解各种网络传输介质的特点。

能力目标：能够根据网络组建的实际需求，选择相应的网络介质。

2.1.1　任务描述与分析

2.1.1.1　任务描述

网络传输介质是指在网络中传输信息的载体，常用的传输介质分为有线传输介质和无线传输介质两大类。

（1）有线传输介质是指在两个通信设备之间实现的物理连接部分。它能将信号从一方传输到另一方，有线传输介质主要有双绞线、同轴电缆和光纤。双绞线和同轴电缆传输电信号，光纤传输光信号。

（2）无线传输介质指人们周围的自由空间。利用无线电波在自由空间的传播可以实现多种无线通信。在自由空间传输的电磁波根据频谱可将其分为无线电波、微波、红外线、激光等，信息被加载在电磁波上进行传输。

不同的传输介质，其特性也各不相同。它们不同的特性对网络中数据通信质量和通信速度有较大影响。

2.1.1.2　任务分析

需要决定使用哪一种传输介质时，必须将组网需求与介质特性进行匹配。通常说来，选择数据传输介质时必须考虑 5 种特性：吞吐量和带宽、成本、尺寸和可扩展性、连接器以及抗噪性。当然，每种网络的实际情况都是不同的。对一个机构至关重要的特性对另一个机构来说可能是无关重要的，这需要根据实际情况做出选择。

2.1.2　相关知识

2.1.2.1　网络介质选择指标

A　带宽与数据传输率

数据传输速率是描述数据传输系统的重要技术指标之一。数据传输速率在数值上等于每秒钟传输构成数据代码的二进制比特数，单位为比特/秒（bit/second），记作 bps。对于二进制数据，数据传输速率为：

$$S = 1/T(\text{bps})$$

式中，T 为发送每一比特所需要的时间。例如，如果在通信信道上发送一比特 0、1 信号所需要的时间是 0.001ms，那么信道的数据传输速率为 1000000bps。在实际应用中，常用的数据传输速率单位有：kbps、Mbps 和 Gbps。其中，1kbps = 103bps，1Mbps = 106kbps，1Gbps = 109bps。

通信信道最大传输速率与信道带宽之间存在着明确的关系，所以可以用"带宽"去取代"速率"。例如，人们常把网络的"高数据传输速率"用网络的"高带宽"去表述。因此"带宽"与"速率"在网络技术的讨论中几乎成了同义词。

在选择一个传输介质时所要考虑的最重要的因素可能是数据传输率。每种传输介质的物理性质决定了它的潜在数据传输率。例如，物理规律限制了电沿着铜线传输的速度，也正如它们限制了能通过一根直径为 1 英寸的胶皮管传输的水量一样，假如试图引导超过它处理能力的水量通过胶皮管，最后只能是溅一身水或胶皮管破裂而停止传输水。同样，如果试图将超过它处理能力的数据量沿着一根铜线传输，结果将是数据丢失或出错。与传输介质相关的噪声和设备能进一步限制数据传输率，充满噪声的电路将花费更多的时间补偿噪声，因而只有更少的资源可用于传输数据。

B　成本

不同种类的传输介质牵涉的成本是难以准确描述的。它们不仅与环境中现存的硬件有关，而且还与所处的场所有关。采用某种类型介质的最后成本主要有材料成本，安装成本，维护与支持成本以及传输效率影响生产效率所产生的成本。

材料成本：购买传输介质所产生费用。

安装成本：安装传输介质所要付出的人工、材料等费用。

维护和支持成本：维护传输介质所需的人工、材料等费用。

传输效率影响生产效率所产生的成本：即因为低传输速率而影响生产效率所付出的代价。如果通过复用已有的低速的线路来省钱，可能因为降低了生产率而遭受损失。

C　尺寸和可扩展性

三种规格决定了网络介质的尺寸和可扩展性：每段的最大节点数、最大段长度以及最大网络长度。在进行布线时，这些规格中的每一个都是基于介质的物理特性的。每段最大节点数与衰减有关，即通过给定距离后所产生的信号损失。对一个网络段每增加一个设备都将略微增加信号的衰减。为了保证一个清晰的强信号，必须限制一个网络段中的节点数。网络段的长度也因衰减受到限制。在传输一定的距离之后，一个信号可能因损失得太多以至于无法被正确解释。在这种损失发生之前，网络上的中继器必须重发和放大信号。一个信号能够传输并仍能被正确解释的最大距离即为最大段长度。若超过这个长度，更容易发生数据损失。类似于每段最大节点数，最大段长度因不同介质类型而不同。

D　抗噪性

噪声能使数据信号变形。噪声影响一个信号的程度与传输介质有一定关系，某些类型的介质比其他介质更易于受噪声影响。大多数的介质都会受到两种类型的噪声影响：电磁干扰（EMI）和射频干扰（RFI）。EMI 和 RFI 都是从电子设备或传输电缆发出的波。发动机、电源、电视机、复制机、荧光灯以及其他的电源都能产生 EMI 和 RFI。RFI 也可由来自广播电台或电视塔的强广播信号产生。

对任何一种噪声都能够采取措施限制它对网络的干扰。例如，可以远离强大的电磁源进行布线。如果环境仍然使网络易受影响，应选择一种能限制影响信号的噪声量的传输。电缆可以通过屏蔽、加厚、或抗噪声算法获得抗噪性。假如屏蔽的介质仍然不能避免干扰，可以使用金属管道或管线以抑制噪声并进一步保护电缆。

2.1.2.2　网络传输介质

A　光导纤维

光纤又称为光缆或光导纤维，由光导纤维纤芯、玻璃网层和能吸收光线的外壳组成，是由一组光导纤维组成的用来传播光束的、细小而柔韧的传输介质。应用光学原理，由光发送机产生光束，将电信号变为光信号，再把光信号导入光纤，在另一端由光接收机接收光纤上传来的光信号，并把它变为电信号，经解码后再处理。与其他传输介质比较，光纤的电磁绝缘性能好、信号衰小、频带宽、传输速度快、传输距离大。主要用于要求传输距离较长、布线条件特殊的主干网连接。具有不受外界电磁场的影响，无限制的带宽等特点，可以实现每秒几十兆位的数据传送，尺寸小、质量轻，数据可传送几百千米，但价格昂贵。

由全反射原理可以知道，光发射器的光源的光必须在某个角度范围才能在纤芯中产生全反射。纤芯越粗，这个角度范围就越大。当纤芯的直径减小到只有一个光的波长，则光的入射角度就只有一个，而不是一个范围。

可以存在多条不同的入射角度的光纤，不同入射角度的光线会沿着不同折射线路传输。这些折射线路被称为"模"。如果光纤的直径足够大，以至有多个入射角形成多条折射线路，这种光纤就是多模光纤。

单模光纤的直径非常小，只有一个光的波长。因此单模光纤只有一个入射角度，光纤中只有一条光线路，如图 2-1 所示。

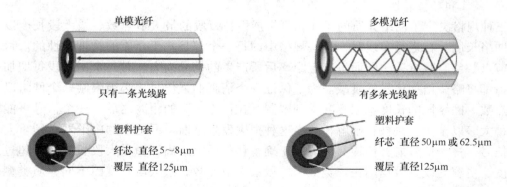

图 2-1　单模光纤和多模光纤

单模光纤的特点是：

（1）纤芯直径小，只有 5 ~ 10μm。

（2）几乎没有散射。

（3）适合远距离传输。标准距离达 3km，非标准传输可以达几十公里。

（4）使用激光光源。

多模光纤的特点是：

（1）纤芯直径比单模光纤大，有 50~62.5μm，或更大。

（2）散射比单模光纤大，因此有信号的损失。

（3）适合远距离传输，但是比单模光纤小。标准距离 2km。

（4）使用 LED 光源。

可以简单的记忆为：多模光纤纤芯的直径要比单模光纤约大 10 倍。多模光纤使用发光二极管作为发射光源，而单模光纤使用激光光源。通常看到用 50/125 或 62.5/125 表示的光缆就是多模光纤。而如果在光缆外套上印刷有 9/125 的字样，即说明是单模光纤。光纤的种类如图 2-2 所示。

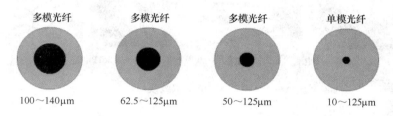

| 多模光纤 | 多模光纤 | 多模光纤 | 单模光纤 |
| 100~140μm | 62.5~125μm | 50~125μm | 10~125μm |

图 2-2　光纤的种类

在光纤通信中，常用的三个波长是 850nm、1310nm 和 1550nm。这些波长都跨红色可见光和红外光。对于后两种频率的光，在光纤中的衰减比较小。850nm 的波段的衰减比较大，但在此波段的光波其他特性比较好，因此也被广泛使用。

单模光纤使用 1310nm 和 1550nm 的激光光源，在长距离的远程连接局域网中使用。多模光纤使用 850nm、1300nm 的发光二极管 LED 光源，被广泛地使用在局域网中。

B　非屏蔽双绞线

非屏蔽双绞线是最常用的网络连接传输介质。非屏蔽双绞线有 4 对绝缘塑料包皮的铜线。8 根铜线每两根互相扭绞在一起，形成线对。线缆扭绞在一起的目的是相互抵消彼此之间的电磁干扰。扭绞的密度沿着电缆循环变化，可以有效地消除线对之间的串扰。每米扭绞的次数需要精确地遵循规范设计，也就是说双绞线的生产加工需要非常精密。

因为非屏蔽双绞线的英文名字是 Unshielded Twisted-pair Cable，所以简称非屏蔽双绞线为 UTP 电缆，非屏蔽双绞线如图 2-3 所示。

UTP 电缆的 4 对线中，有两对作为数据通信线，另外两对作为语音通信线。因此，在电话和计算机网络的综合布线中，一根 UTP 电缆可以同时提供一条计算机网络线路和两条电话通信线路。

UTP 电缆有许多优点。它直径细，容易弯曲，因此易于布放。价格便宜也是 UTP 电缆的重要优点之一。UTP 电缆的缺点是其对电磁辐射采用简单扭

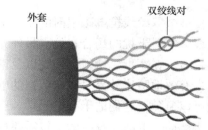

图 2-3　非屏蔽双绞线

绞，靠互相抵消的处理方式。因此，在抗电磁辐射方面，UTP 电缆相对同轴电缆（电视电缆和早期的 50Ω 网络电缆）处于下风。

UTP 电缆曾经一度被认为还有一个缺点就是数据传输的速度上不去，但是现在不是这样的。事实上，UTP 电缆现在可以传输高达 1000Mbps 的数据，是铜缆中传输速度最快的通讯介质。

C　屏蔽双绞线

屏蔽双绞线（Shielded Twisted-pair Cable，STP）结合了屏蔽、电磁抵消和线对扭绞的技术。同轴电缆和 UTP 电缆的优点，STP 电缆都具备。屏蔽双绞线如图 2-4 所示。

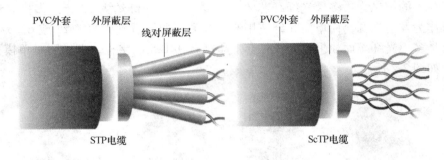

图 2-4　屏蔽双绞线

在以太网中，STP 可以完全消除线对之间的电磁串扰。最外层的屏蔽层可以屏蔽来自电缆外的电磁 EMI 干扰和无线电 RFI 干扰。

STP 电缆的缺点主要有两点，一个是价格贵，另外一个是安装复杂。安装复杂是因为 STP 电缆的屏蔽层接地问题。电缆线对的屏蔽层和外屏蔽层都要在连接器处与连接器的屏蔽金属外壳可靠连接。交换设备、配线架也都需要良好接地。因此，STP 电缆不仅材料本身成本高，而且安装的成本也相应增加。

不要忘记布线的安装成本。要记住，现在施工部门对取费流行做法是用材料成本乘以百分之十几。而且，当要布放的是屏蔽双绞线电缆时，施工部门会很合理地提出增加施工费用的。

有一种 STP 电缆的变形，称作 ScTP。ScTP 电缆把 STP 中各个线对上的屏蔽层取消，只留下最外层的屏蔽层，以降低线材的成本和安装复杂程度。ScTP 中线对之间串绕的克服与 UTP 电缆一样由线对的扭绞抵消来实现。

ScTP 电缆的安装相对 STP 电缆要简单许多，这是因为免除了线对屏蔽层的接地工作。

屏蔽双绞线抗电磁辐射的能力很强，适合于在工业环境和其他有严重电磁辐射干扰或无线电辐射干扰的场合布放。另外，屏蔽双绞线的外屏蔽层有效地屏蔽了线缆本身对外界的辐射。在军事、情报、使馆以及审计署、财政部这样的政府部门，都可以使用屏蔽双绞线来有效地防止外界对线路数据的电磁侦听。对于线路周围有敏感仪器的场合，屏蔽双绞线可以避免对它们的干扰。

然而，屏蔽双绞线的端接需要可靠地接地，否则会引入更严重的噪声。这是因为屏蔽双绞线的屏蔽层此时就会像天线一样去感应所有周围的电磁信号。

D 同轴电缆（Coaxial）

同轴电缆是指有两个同心导体，而导体和屏蔽层又共用同一轴心的电缆。最常见的同轴电缆由绝缘材料隔离的铜线导体组成，在里层绝缘材料的外部是另一层环形导体及其绝缘体，然后整个电缆由聚氯乙烯或特氟纶材料的护套包住。

目前，常用的同轴电缆有两类：50Ω 和 75Ω 的同轴电缆。75Ω 同轴电缆常用于 CATV 网，故称为 CATV 电缆，传输带宽可达 1GHz，目前常用 CATV 电缆的传输带宽为 750MHz。50Ω 同轴电缆主要用于基带信号传输，传输带宽为 1～20MHz，总线型以太网就是使用 50Ω 同轴电缆，在以太网中，50Ω 细同轴电缆的最大传输距离为 185m，粗同轴电缆可达 1000m。

E 无线传输使用的频段

UTP 电缆、STP 电缆和光缆都是有线传输介质。由于无线传输无需布放线缆，其灵活性使得其在计算机网络通信中的应用越来越多。而且，可以预见，在未来的局域网传输介质中，无线传输将逐渐成为主角。

无线数据传输使用无线电波和微波，可选择的频段很广。目前在计算机网络通信中占主导地位的是 2.4G 的微波。

计算机网络使用的频段见表 2-1。

表 2-1 计算机网络使用的频段

频 率	划 分	主 要 用 途
300Hz	超低频 ELF	
3kHz	次低频 ILF	
30kHz	甚低频 VLF	长距离通信、导航
300kHz	低频 LF	广播
3MHz	中频 MF	广播、中距离通信
30MHz	高频	广播、长距离通信
300MHz	微波（甚高频 VHF）	移动通信
2.4GHz	微波	计算机无线网络
3GHz	微波（超高频 UHF）	电视广播
5.6GHz	微波	计算机无线网络
30GHz	微波（特高频 SHF）	微波通信
300GHz	微波（极高频 EHF）	雷达

2.1.3 任务实施

双绞线、同轴电缆、光纤性能比较：

双绞线：它是解决 200～2000m 距离范围内信息传输的最好方式，既实际又经济。同时它也解决了大规模密集型网络的布线问题，双绞线自身的尺寸和柔韧性克服了大量使用同轴式的布线难题，并且双绞线有抗干扰能力比较强、价格便宜等优点。

同轴电缆：同轴电缆是使用较早，也是使用时间最长的传输方式。现常用于小范围的监控网络系统中。由于传输距离近，使用同轴电缆传输对图像的损伤不大，能满足实际要求。但是信号在同轴电缆中传输时受到的衰减与距离和信号本身的频率有关，频率越大，衰减越大，所以它只适合短距离传输信息，当距离达到200m左右时图像的传输质量就会下降，出现失真现象。并且它还有一些缺点：

（1）它受气候的影响比较大。

（2）同轴电缆在比较粗、比较密集的地方布线比较难。

（3）同轴电缆一般只能传输一些视频信号。

（4）同轴电缆抗干扰能力有限。

（5）同轴放大器还存在着调整困难的问题。

光纤：光纤应用在网络领域中主要是为了解决两个问题：（1）环境干扰。（2）传输距离。双绞线和同轴电缆只能在短距离、小范围内传输信息，如果需要传输数十里甚至上百公里的图像信号，则需要采用光纤传输方式。另外，对一些超强干扰场所，为了不受环境干扰影响，也要采用光纤传输方式。因为光纤具有传输宽带、容量大、不受电磁干扰、受外界环境影响小等诸多特点。

传输介质对比见表2-2。

表2-2　传输介质对比

特性 ＼ 介质	双绞线	同轴电缆	光　纤
特　点	在传输期间信号衰减比较大，并产生波形畸变，但传输低频信号时衰减较小，双绞线对低频信号有较好的抗干扰能力，布线容易、价格低廉	抗干扰能力好，传输数据稳定，而且价格也便宜	通信容量大，线路损耗低，信号衰减小，传输距离远不受电磁干扰，抗干扰能力强，无光漏，保密性好，误码率低，误码率为 10^{-8} 造价高
传输速率	1Mbit/s～1Gbit/s	10Mbit/s	1～100Gbit/s
传输距离	2km，在局域网中一般限制在200m	500m 左右	2～100km
应用实例	在以太网中使用较多	闭路电视或小范围的视频监控系统	骨干网中

2.1.4　知识拓展

双绞线的频率特性：双绞线有很高的频率响应特性，可以高达600MHz，接近电视电缆的频响特性。

双绞线电缆的分类依据其频率响应特性：

（1）5类双绞线（Category 5）：频宽为100MHz。

（2）超5类双绞线（Enhanced Category 5）：频宽仍为100MHz，串扰、时延差等其他性能参数要求更严格。

（3）6类双绞线（Category 6）：频宽为250MHz。

（4）7类双绞线（Category 7）：频宽为600MHz。

快速以太网的传输速度是100Mbps（bits per second），其信号的频宽约70MHz；ATM

网的传输速度是 150Mbps，其信号的频宽约 80MHz；千兆网的传输速度是 1000Mbps，其信号的频宽 100MHz。因此，用 5 类双绞线电缆能够满足所有常用网络传输对频率响应特性的要求。

6 类双绞线是一个较新级别的电缆，其频率带宽可以达到 250MHz。2002 年 7 月 20 日，TIA/EIA-568-B.2.1 公布了 6 类双绞线的标准。6 类双绞线除了要保证频率带宽达到更高要求，其他参数的要求也颇为严格。例如串扰参数必须在 250MHz 的频率下测试。

7 类双绞线是欧洲提出的一种屏蔽电缆 STP 的标准，其计划带宽是 600MHz。目前还没有制订出相应的测试标准。

双绞线的分类通常简写为 CAT 5、CAT 5e、CAT 6、CAT 7。

任务 2.2 双绞线 RJ-45 连接头的制作

【知识要点】

知识目标：了解各类双绞线的特点。

能力目标：掌握双绞线 RJ-45 连接头的制作。

2.2.1 任务描述与分析

2.2.1.1 任务描述

制作直通双绞线和交叉双绞线及测线器的使用。

2.2.1.2 任务分析

在网络接入过程中，最常用的连接线缆是双绞线。本次任务要学习双绞线 RJ-45 连接头的制作步骤、线序、测试方法等内容。

2.2.2 相关知识

2.2.2.1 双绞线类型

双绞线是局域网布线中最常用的一种传输介质，尤其是在星形拓扑结构网络中，双绞线是必不可少的布线材料。双绞线通过把一对绝缘的铜导线按一定规格互相扭绞在一起，以降低信号的干扰。因为一根导线在传输中辐射的电波会被同一对导线中的另一根导线发出的电波抵消，即平衡抵消原理。

典型的双绞线是四对扭绞铜线，不同线对具有不同的扭绞长度，扭绞得越密其抗干扰能力越强。与其他传输介质相比，双绞线在传输距离、信道带宽和数据传输速率等方面均受到一定限制，但价格较低廉。

双绞线可分为屏蔽双绞线（Shielded Twisted Pair，STP）和非屏蔽双绞线（Unshielded Twisted Pair，UTP）两大类。STP 的外面由一层金属材料包裹，以减小信号辐射，防止信息被窃听，同时可以避免外部电磁信号干扰，提高传输速率。但 STP 的价格相对较高，安装难度比非屏蔽双绞线大，必须使用特殊的连接器。STP 主要用于一些受电磁干扰严重的特殊场合。

UTP 外面只有一层绝缘胶皮，质量轻，易弯曲，易安装，组网灵活，非常适合用于结构化布线。所以，对环境无特殊要求的网络布线中，常常使用 UTP。UTP 的使用率高，如果没有特殊说明，在应用中所指的双绞线一般是指 UTP。

按照双绞线扭绞长度等参数的不同，美国电子/电信工业协会（EIA/TIA）把非屏蔽双绞线分为 7 类，具体介绍如下：

（1）1 类双绞线，无缠绕，传输速率低，主要用于传输语音等模拟信号。

（2）2 类双绞线，无缠绕，传输频率为 1 MHz，用于语音传输和 4 Mbps 数据传输，适用于旧令牌网（使用 4 Mbps 令牌传输协议）。

（3）3 类双绞线，缠绕较为稀疏。最高传输频率为 16 MHz，用于语音传输和 10 Mbps 数据传输，适用于 10Base-T 网络（10 表示传输速率为 10 Mbps，Base 表示采用基带传输方式，T 表示是双绞线）。目前 3 类双绞线已基本从市场上消失，取而代之的是 5 类、超 5 类和 6 类双绞线。

（4）4 类双绞线，缠绕较密，最高传输频率为 20 MHz，用于语音传输和 16 Mbps 数据传输。4 类双绞线很少用于以太网布线，主要用于令牌环网络。

（5）5 类双绞线，缠绕紧密，最高传输频率为 100 MHz，用于语音传输和 100 Mbps 数据传输，主要用于 100Base-T 和 10Base-T 网络，是目前网络布线的主流。

（6）超 5 类双绞线，与 5 类双绞线相比，其衰减和串扰更小，提高了质量和稳定性，传输速率可以达到 1000 Mbps。超 5 类双绞线主要用于千兆以太网。

（7）6 类双绞线，电信工业协会（TIA）和国际标准化组织（ISO）已经着手制定 6 类布线标准。该标准将规定线路带宽应达到 200 MHz，可以传输语音、数据和视频，以满足未来高速和多媒体网络的需要。6 类布线标准已发布，但市面上的相关产品却较少。

（8）7 类双绞线，国际标准化组织在 1997 年 9 月曾宣布要制定 7 类双绞线标准，建议带宽为 600 MHz。到目前为止，还没有正式的 7 类双绞线标准。

2.2.2.2 EIA /TIA-568 标准

EIA/TIA-568 是由电子工业协会（EIA）和电信工业协会（TIA）共同制定的布线标准。该标准分为 568A 和 568B 两种，用于确定 RJ-45 插座/连接头中的导线排列次序。在国内，EIA/TIA-568B 配线图被认为是首选的配线图；T568A 为可选配线图，主要用于交叉双绞线的制作。

568 标准规定的配线图如图 2-5 所示。图中 Pair 1 为蓝色线对，Pair 2 为橙色线对，Pair 3 为绿色线对，Pair 4 为棕色线对，所有线对中的白色位于左侧。

如果是直通双绞线，则两端都采用 EIA/TIA-568B 的线序（也可以均采用 EIA/TIA-568A 标准），如图 2-5 所示。若是制作交叉双绞线，则一端为 EIA/TIA-568B 线序，另一端为 EIA/TIA-568A 线序。

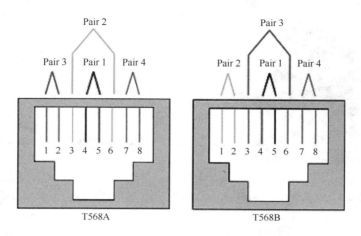

图 2-5　EIA/TIA-568 标准

2.2.3　任务实施

2.2.3.1　双绞线连接头的制作

步骤 1：器材准备：需要 5 类双绞线一根，其长度根据具体需要确定，但最长不能超过 100m。RJ-45 连接头（俗称水晶头）一对，专用的压线钳一把，如图 2-6 所示。

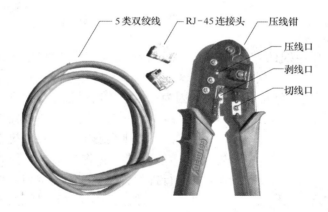

图 2-6　器材准备

步骤 2：用压线钳的剥线口将双绞线的外皮剥去约 3cm 长，注意不要伤到内部的导线，如图 2-7 所示。一般双绞线内部有一条柔软的尼龙绳，用于撕剥外皮。如果剥离部分太短，则不利于制作 RJ-45 接头，此时可以利用撕剥线撕开外皮。剥去外皮的双绞线如图 2-8 所示。

步骤 3：将露出的双绞线线对按照橙、绿、蓝、棕的顺序从左至右排列，如图 2-9 所示。

步骤 4：将各个双绞线线对分开，白色的导线均位于左侧，如图 2-10 所示。

步骤 5：将绿色导线（左起第 4 根）和蓝色导线（左起第 6 根）对调，其余导线保持

图 2-7　剥离外皮

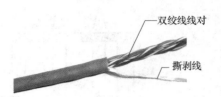

图 2-8　双绞线内部芯线

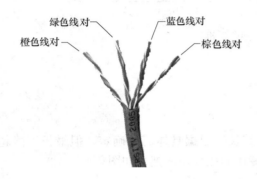

图 2-9　线对排序

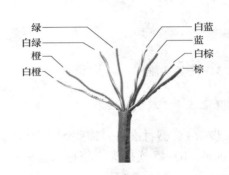

图 2-10　拆分双绞线线对

相对位置不变。此时导线的左起顺序为白橙/橙/白绿/蓝/白蓝/绿/白棕/棕，如图 2-11 所示。

注意：一定要对调绿色和蓝色导线，因为在信号传输过程中，第 3 根导线和第 6 根导线是同一对传输线，所以需要使用同一对双绞线；否则会影响双绞线的抗干扰能力。

步骤 6：将 8 根导线拉直，平坦整齐地平行排列，导线间不留空隙，如图 2-12 所示。

注意：不要改动导线的排序。

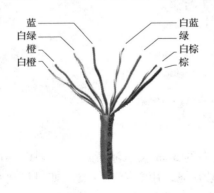

图 2-11　对调后的线序

图 2-12　整理导线

步骤 7：用压线钳的切口将 8 根导线整齐地剪断，如图 2-13 所示。注意留下的长度要合适，一般为 1～1.5cm。不太熟练时可以拿 RJ-45 连接头比对一下，以确定剪切位置，如图 2-14 所示。

注意：若裸露部分太短，则导线无法插到 RJ-45 连接头的底部，从而导致无法连通；

图 2-13　剪齐导线

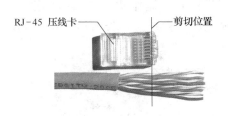

图 2-14　比对剪切长度

若太长，则外皮不能被 RJ-45 连接头压住，影响抗拉强度。

步骤 8：剪齐的导线如图 2-15 所示。

注意：不需要剥开每根导线的绝缘外皮，因为在压制连接头时，RJ-45 连接头内的插脚铜片会切开导线外皮而与导线接触。

图 2-15　剪齐的双绞线

步骤 9：使 RJ-45 连接头的铜片引脚朝上，并面对铜片引脚，从左至右的引脚编号为 1～8，对应于双绞线的第 1 根到第 8 根导线。将剪齐的 8 根导线插入 RJ-45 连接头，白橙导线位于最左侧，如图 2-16 所示，插入之后的情形如图 2-17 所示。

图 2-16　准备插入连接头

图 2-17　已经插入连接头

注意：双绞线一定要插到底，而且要特别小心导线的排列次序，不要插反。电缆线的外保护层应能够在 RJ-45 连接头的压线卡处（凹陷处）被压实，若长度不对则重新剪切双绞线。相当一部分双绞线就是因为没有剪齐或没有插入 RJ-45 连接头底部而导致制作失败。

步骤 10：再确认一切都正确后（再次检查导线的排列顺序），将 RJ-45 连接头放入压线钳的压线槽内用力压实，如图 2-18 所示。

注意：连接头一定要插到位，否则容易压碎 RJ-45 连接头。此外需要适当用力，以保证导线与连接头的铜片接触良好。

步骤 11：制作完毕的 RJ-45 连接头如图 2-19 所示。此时，RJ-45 连接头内的插脚铜片应完全压下去并与导线铜芯接触，外皮应被连接头内的塑料压线卡卡住。

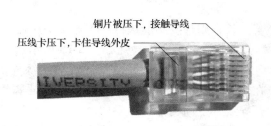

图 2-18　压制 RJ-45 连接头　　　　　　图 2-19　制作完毕的 RJ-45 连接头

步骤 12：制作另一端 RJ-45 连接头。若是制作直通双绞线，则制作步骤与上述的完全相同，均为 EIA/TIA-568B 标准（或均为 EIA/TIA-568A 标准）。若是制作交叉双绞线，则另一端按照 EIA/TIA-568A 标准制作，其步骤与上述非常相似，仅仅是导线的排列次序不同，其排列如图 2-20 所示。

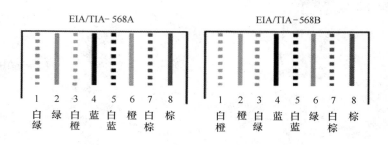

图 2-20　双绞线排列标准

从图 2-20 中可以看出，EIA/TIA-568A 标准是在 EIA/TIA-568B 标准的基础上，绿色导线（第 6 根）和橙色导线（第 2 根）位置对调，白绿导线（第 3 根）和白橙导线（第 1 根）位置对调，其余导线位置保持不变。制作完毕的直通双绞线如图 2-21 所示，交叉双绞线如图 2-22 所示。

2.2.3.2　双绞线的测试

在双绞线制作完成后，一般需要使用专门的双绞线测试仪来判断双绞线的连通性。普

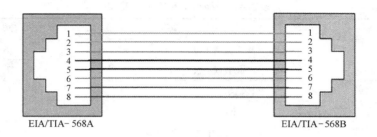

图 2-21　直通双绞线

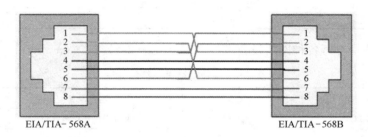

图 2-22　交叉双绞线

通的测试仪可检测 STP/UDP 双绞线（即屏蔽双绞线/非屏蔽双绞线）和同轴电缆的接线故障；功能强大的测试仪还能测试出开路、短路、跨接、反接和串接各种情况，并且能定位接线和连接的错误，还能测量线路长度，确定短路、开路的距离等，但是价格相对较贵。

A　直连线

直连线也称作直通线或平行线。

网卡 RJ-45 连接头引脚的定义见表 2-3。

表 2-3　网卡 RJ-45 引脚定义

脚　位	功　用	简　称
1	传输数据正极	Tx +
2	传输数据负极	Tx −
3	接收数据正极	Rx +
4	未使用	
5	未使用	
6	接收数据负极	Rx −
7	未使用	
8	未使用	

B　交叉线

网线两端的线序排列不同，呈交叉状态，如图 2-22 所示。

交换机 RJ-45 插座脚位的定义，见表 2-4。

表 2-4　交换机 RJ-45 引脚定义

脚　位	功　用	简　称
1	接收数据正极	Rx +
2	接收数据负极	Rx −
3	传输数据正极	Tx +
4	未使用	
5	未使用	
6	传输数据负极	Tx −
7	未使用	
8	未使用	

接线方法选择参考各种网络设备接线方法（见表 2-5）。

表 2-5　各种网络设备接线方法

连接设备	接线方法	连接设备	接线方法
PC-PC	交叉线缆	SWITCH-HUB 级联口	直通线缆
PC-HUB	直通线缆	SWITCH-SWITCH	交叉线缆
HUB 普通口-HUB 普通口	交叉线缆	SWITCH-ROUTER	直通线缆
HUB 级联口-HUB 级联口	交叉线缆	ROUTER-ROUTER	交叉线缆
HUB 普通口-HUB 级联口	直通线缆	ADSL MODEM-PC	直通线缆
SWITCH-HUB 普通口	交叉线缆		全反线

图 2-23 所示为网络能手 ST-248 多功能网络电缆测试仪。该测试仪采用 8 根双绞线逐根自动扫描方式，快速测试 STP/UTP 双绞线的连通性，也可以测试 BNC 电缆（即细同轴

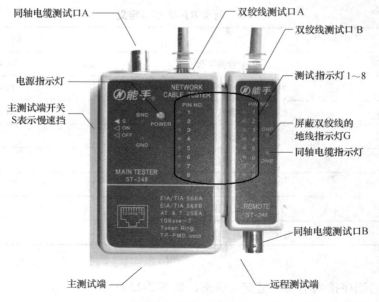

图 2-23　双绞线测试仪

电缆）的连通性。

使用双绞线测试仪时，首先把双绞线两端的连接头分别插入主测试端和远程测试端的 RJ-45 接口（即双绞线测试口 A 和双绞线测试口 B），然后将主测试端开关拨至 ON 挡或慢速 S 挡。

如果是测试直通双绞线，则主测试端和远程测试端测试指示灯均从第 1 至第 8 逐个闪亮，若某一灯不亮则表示其对应的导线不通。

如果是测试交叉双绞线，则主测试端测试指示灯依然从第 1 至第 8 逐个闪亮，而远程测试端测试指示灯的闪亮顺序为 3-6-1-4-5-2-7-8，这是因为主测试端的第 1 根导线对应连通远程测试端的第 3 根导线，其余类推，具体参见图 2-23。若某一灯不亮，则表示对应的导线不通。

如果是测试屏蔽双绞线（STP），则主测试端指示灯的闪亮顺序为 1-2-3-4-5-6-7-8-G（G 表示地线）。若是直通屏蔽双绞线，则远程测试端指示灯的闪亮顺序与主测试端的闪亮顺序相同；若是交叉屏蔽双绞线，则远程测试端指示灯的闪亮顺序为 3-6-1-4-5-2-7-8-G。

如果是测试同轴电缆，则先将同轴电缆的两端分别插入同轴电缆测试口 A 和同轴电缆测试口 B，然后将主测试端开关拨至 ON 挡。如果同轴电缆是连通的，则主测试端和远程测试端的 BNC 灯同时闪亮；若不通，则不亮。

2.2.4 知识拓展

双绞线的布线原则及注意事项：双绞线的布线较为容易，但应注意一些基本事项。

网络性能的不稳定主要是因为布线的原因，而不是网络设备的故障。一般布线应注意以下事项：

（1）双绞线不能过度弯曲，不要出现尖锐的拐角。

（2）绑扎双绞线时不要太紧，要保持整齐并贴上标签，便于维护。

（3）尽量远离干扰源，如马达等，如无法避免则采用屏蔽双绞线。

（4）双绞线的布线长度不能超过 100m。如果超过 100m，则需要添加中继器或采用交换机级联来拓宽网络传输距离。

（5）配线架上的跳接线不要太长且尽可能使用 5 类双绞线，并贴上标签。

（6）不具备对绞状态的双绞线长度不能超过 13mm。

（7）尽量使用同一家电缆厂商生产的双绞线，而不要混用不同厂商的双绞线。

（8）使用质量较好的 RJ-45 连接头。好的连接头在背后弹片上有厂商的标注且晶莹透亮。用手指拨动弹片会听到"铮铮"的声音，将弹片向前拨动到 90°也不会折断，而且会恢复原状并且弹性不会改变。将做好的连接头插入网卡时，能听到清脆的响声。

情境 3　组建简单网络

任务 3.1　家庭接入 Internet

【知识要点】

知识目标：了解常用家庭接入 Internet 的方式。

能力目标：掌握常用家庭接入 Internet 的方式。

3.1.1　任务描述与分析

3.1.1.1　任务描述

随着 Internet 的迅速发展和普及，家庭宽带接入方式的选择，是一个必须要考虑的问题。本次任务就是要了解家庭宽带接入的主要方式及各自的优缺点，掌握两种宽带接入的配置方法及步骤。

3.1.1.2　任务分析

在宽带接入中，涉及各种网络设备的配置，宽带接入设备的配置是本次任务的重要内容。

3.1.2　相关知识

3.1.2.1　家庭宽带的主要接入方式及优缺点

A　ADSL（非对称数字用户环路）

ADSL（Asymmetrical Digital Subscriber Line）是一种能够通过普通电话线提供宽带数据业务的技术，成为继 Modem、ISDN 之后的又一种全新的、更快捷、更高效的接入方式。ADSL 最初设计并不是为了宽带接入，而是为了高速数据通信、交互视频等应用。该系统在用户端采用 ADSL 调制解调器，ADSL 这种方案的最大特点是不用改造信号传输线路，完全可以利用普通铜质电话线作为传输介质，只要配上专用的 Modem 即可实现数据高速传输，其有效的传输距离在 3~5km 范围以内，而且距离愈远，速度愈慢。目前，采用 ADSL2+ 技术的 ADSL 线路可以最大支持 24M 的传输速率。

ADSL 的优点：

（1）同一条电话线可同时上网和打电话，互不干扰。

（2）高速上网（采用 ADSL2+ 技术最高可达到 24M）。

（3）独享带宽，上网速度不会受其他用户影响。

（4）安装简单，只要有电话的地方，就可以安装，同时不影响用户的家庭美观（一般不需要重新布线）。

（5）接入方式灵活，满足不同用户的需求。

ADSL 的缺点：易受线路老化、电磁干扰等线路因素影响，引起掉线。

B　FTTX + LAN（光纤到楼宇 + 网线方式）

运营商将光纤线路敷设到小区，然后再通过架设在小区楼宇内的交换机分出网线接到用户家，实现宽带上网。此种方式可提供最高 10M 的传输速率，且整个楼宇交换机内的用户共享小区出口带宽。目前各大运营商所说的光纤宽带都是此种方式，此种方式只是光纤到楼宇，并不是光纤入户。

FTTX + LAN 的优点：

（1）高带宽，速率最高可达 10Mbps。

（2）稳定性强、障碍率低，抗干扰性强。

（3）用户侧不需要另购网络设备（相比 ADSL 用户而言）。

FTTX + LAN 的缺点：

（1）网络建设成本过高（对局方而言）。

（2）需重新布放网线，破坏用户现有装修（穿墙打洞）。

（3）同一交换机下的用户共享小区的出口带宽，在上网高峰时，易受其他用户影响（比如其他用户使用 BT、迅雷等软件大量下载数据，就会较多的挤占小区出口带宽，或者某一用户电脑中毒，也会影响其他用户），而导致掉线（就像挤公共汽车一样）或网速变慢。

C　FTTH（光纤直接入户）

运营商将光纤线路直接接到用户家，用户侧通过 ONU 设备（即光网络单元）分离出电话线、宽带网线到用户的话机和电脑，以提供宽带上网、iTV 宽带视界和电话通信等服务。这是当今全球最先进的宽带接入方式，此种方式可提供 100M 甚至 1000M 的传输速率，供用户独享使用。

FTTH 的优点：

（1）全光纤接入，高带宽，速率无上限。

（2）用户带宽独享，一根光纤只接一个用户。

（3）稳定性强、障碍率低，抗干扰性强。

FTTH 的缺点：

（1）用户侧需增加 ONU 设备（光网络单元），并最好在装修时布放家庭综合信息箱，便于安装 ONU 设备。

（2）需重新布放光纤线路，破坏用户现有装修（穿墙打洞）。

（3）成本较高。

D　PLC 接入

PLC（Power Line Communication），俗称"电力线上网"，主要是指利用电力线传输数据和话音信号的一种通信方式，即电力线通信。通过利用传输电流的电力线作为通信载体，使得 PLC 具有极大的便捷性。只要在房间任何有电源插座的地方，不用拨号，就立即可享受 4.5 ~ 45Mbps 的高速网络接入。

PLC 接入的优点：

（1）实现成本低：由于可以直接利用已有的配电网络作为传输线路，所以不用进行额外布线，从而大大减少了网络的投资，降低了成本。

（2）范围广：电力线是覆盖范围最广的网络，它的规模是其他任何网络无法比拟的。PLC 可以轻松地渗透到每个家庭，为互联网的发展创造极大的空间。

（3）永远在线：PLC 属于"即插即用"，不用烦琐的拨号过程，接入电源就等于接入网络。

PLC 接入的缺点：

稳定性差：电力线上网很难保证数据通信的稳定性，因为电力系统的基础设施，无法提供高质量的数据传输服务，且每一个家庭的用电量都比较复杂，用电负荷不断变化。当电线上还在传送数据，电压的变化肯定会带来干扰，从而影响上网的质量。

E　HFC 接入

HFC（Hybrid Fiber Coaxial）网是指光纤同轴电缆混合网。它是一种新型的宽带网络，采用光纤到服务区，而在进入用户的"最后 1 公里"采用同轴电缆。最常见的就是有线电视网络，它比较合理有效地利用了当前的先进成熟技术，将数字与模拟传输融为一体，集光电功能于一身，同时提供较高质量和较多频道的传统模拟广播电视节目、较好性能价格比的电话服务、高速数据传输服务和多种信息增值服务，还可以逐步开展交互式数字视频应用。在 HFC 网络中传输的信号是射频信号，所有服务或信息经由相应调制（如 QPSK、QAM 等）转换成模拟射频信号，这些模拟射频信号和其他模拟音频、视频信号经由频分复用方式合成一个宽带射频信号，加到前端的光发射模块上，并调制成光信号传输到光节点并经同轴网络传输到用户。在用户端，用户接收相应频带的信息，并进行解调得到所需数据。

HFC 接入的优点：由于原来铺设的有线电视网光缆天然就是一个高速宽带网，所以仅对入户线路进行改造，就可以提供理论上上行 8M、下行 30M 的接入速率。目前美国 50%以上的宽带用户就采用 Cable modem 方式接入。

HFC 接入的缺点：采用共享结构，随着用户的增多，个人的接入速率会有所下降，安全保密性也欠佳。

3.1.2.2　无线路由器的功能及选购

A　无线路由器（Wireless Router）简介

无线路由器是应用于用户上网、带有无线覆盖功能的路由器，如图 3-1 所示。无线路由器可以看做一个转发器，将家中墙上接出的宽带网络信号通过天线转发给附近的无线网络设备（笔记本电脑、支持 wifi 的手机等），其功能好比将单纯性无线 AP 和宽带路由器合二为一的扩展型产品，它不仅具备单纯性无线 AP 所有功能，如支持 DHCP 客户端、支持 VPN、防火墙、支持 WEP 加密等，而且还包括了网络地址转换（NAT）功能，可支持局域网用户的网络连接共享。可实现家庭无线网络中的 Internet 连接共享，实现 ADSL、Cable modem 和小区宽带的无线共享接入。无

图 3-1　无线路由器

线路由器可以与所有以太网接的 ADSL modem 或 Cable modem 直接相连，也可以在使用时通过交换机、宽带路由器等局域网方式再接入。其内置有简单的虚拟拨号软件，可以存储用户名和密码拨号上网，可以实现为拨号接入 Internet 的 ADSL、CM 等提供自动拨号功能，而无需手动拨号或占用一台电脑做服务器使用。此外，无线路由器一般还具备相对更完善的安全防护功能。

B　无线路由器选购注意事项

（1）注意无线路由器的接口配置。市场上最常见的无线路由器产品为四个 LAN 接口加上一个 WAN 接口的配置。如果室内有线主机不超过 LAN 接口，这样的配置足以满足用户使用，如果需要更多的 LAN 接口与 WAN 接口，则需更换产品。因此，用户在选购无线路由器时，应该首先注意产品的 LAN 接口与 WAN 接口配置。

（2）注意无线路由器的无线速率。因为无线路由器的速率可以从数十兆到数百兆不等。而一般来说，速率越快无线路由器的性能越好，但它的费用也会相应增加。同时，家用无线路由器的速率在 300M 左右就能完全满足用户需求。如果速率要求过高，而自己的无线网卡速率配置跟不上，则完全没有必要购买。

（3）注意无线路由器的有线速率。绝大多数电子产品的网卡都能集成上千兆的网卡，而宽带路由器的交换机芯片却只能支持上百兆的带宽。因此，连接在同一路由器的局域网里，要传送大数据，影响速率的是路由器的速率本身。

（4）注意无线信号的质量。无线路由器的无线信号质量也是衡量其性能的重要指标，信号质量好，就不会产生大幅衰减、经常性中断、信号连接不稳定的现象。这可以从无线路由器的天线数目上判断，如果能分析它的无线芯片构造更佳。

（5）注意无线路由器的 USB 需求。市场上带有 USB 接口的无线路由器都支持 3G 网络，高端的路由器产品还可以支持离线下载。如果用户需要选购这类路由器，可以带上自己的 3G 无线上网卡，连入到无线路由器的 USB 接口测试它是否能用。同时，如果 USB 需要连接硬盘，还需要对 USB 接口的供电大小做出判断。

3.1.3　任务实施

3.1.3.1　设置路由器共享宽带上网

首先要做的是将 ADSL 拨号器连接电脑的网线（一般是黑色，质量相当不错）接在输入口上，用另一根网线将你的电脑和任意一个输出口连接。先后打开 ADSL 拨号器和路由器的电源。然后在 IE 中（其他浏览器同样）输入 192.168.1.1（TP-LINK 牌子的路由器一般是这个，也有路由器 192.168.0.1，像腾达牌的）会出现如图 3-2 所示的界面。

默认账户和密码都是 admin，其他品牌的路由器可以查看说明书。单击确定会进入路由器管理页面，如图 3-3 所示。

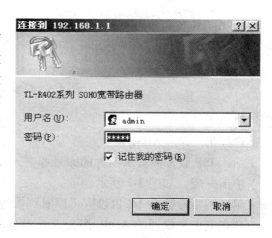

图 3-2　路由器配置界面（一）

图 3-3　路由器配置界面（二）

单击左侧的设置向导右面会出现路由器配置界面，如图 3-4 所示。

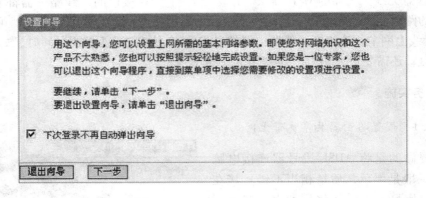

图 3-4　路由器配置界面（三）

单击下一步。

选择第一个：ADSL 虚拟拨号（PPPoE），单击下一步，如图 3-5 所示。

输入 ISP 服务商提供给你的账号和密码，单击下一步，如图 3-6 所示。

单击完成，如图 3-7 所示。

单击网络参数 WAN 口设置可以看到拨号设置，如图 3-8 所示。

现在电信和铁通的 ADSL 都会进行 MAC 绑定，在初装宽带的时候工作人员会用机器进行调试，第一次成功拨号的就会记录 MAC 地址，然后将拨号账户和 MAC 绑定。这时需

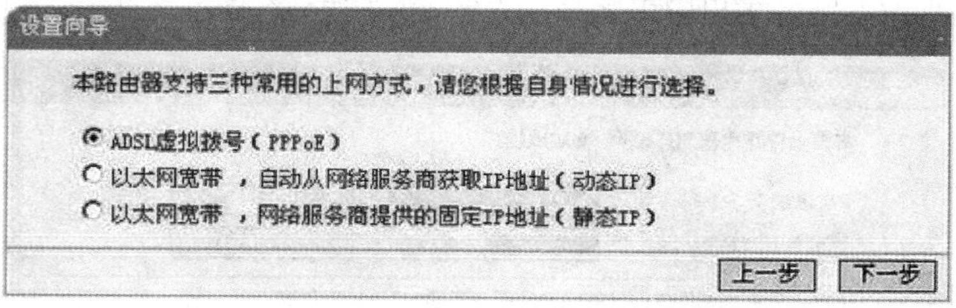

图 3-5　路由器配置界面（四）

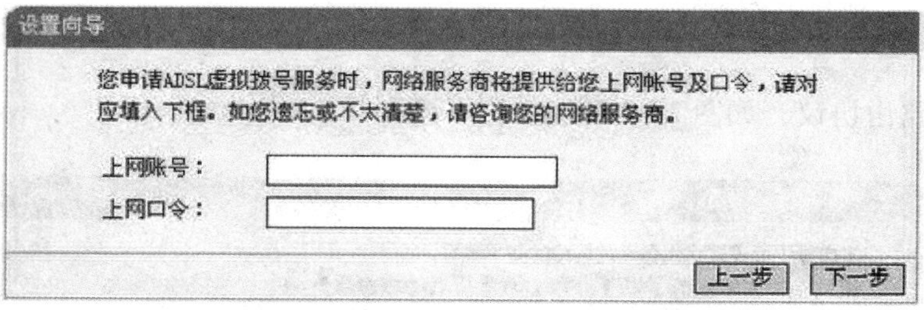

图 3-6　路由器配置界面（五）

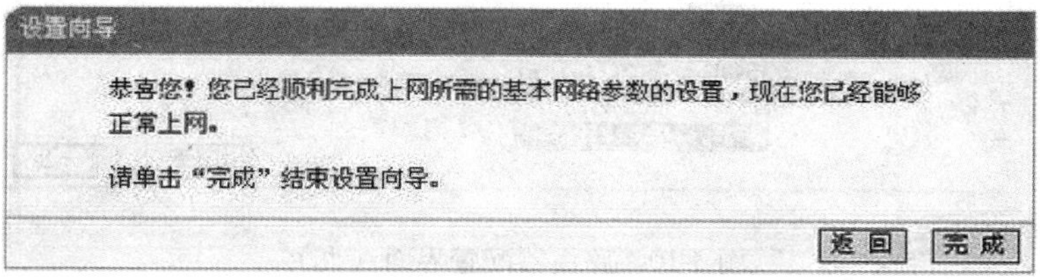

图 3-7　路由器配置界面（六）

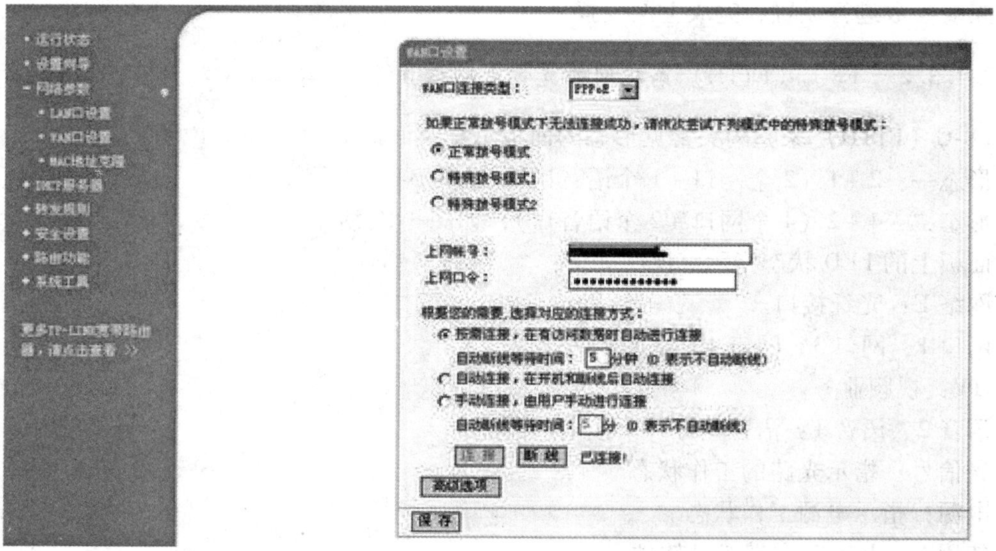

图 3-8　路由器配置界面（七）

要进行 MAC 地址的克隆。单击网络参数 MAC 地址克隆，如图 3-9 所示。

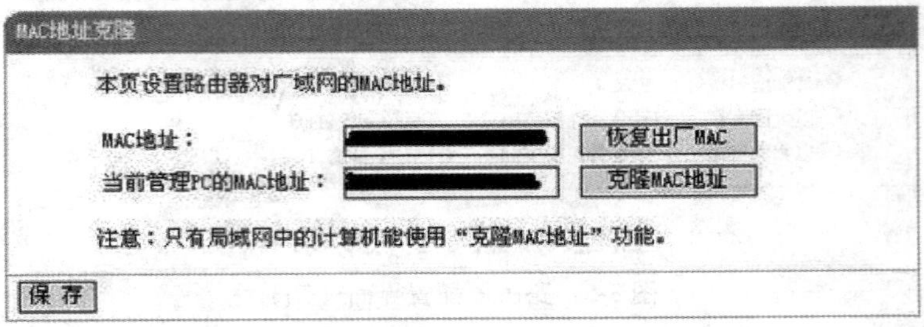

图 3-9　路由器配置界面（八）

开启无线路由协议，如图 3-10 和图 3-11 所示。

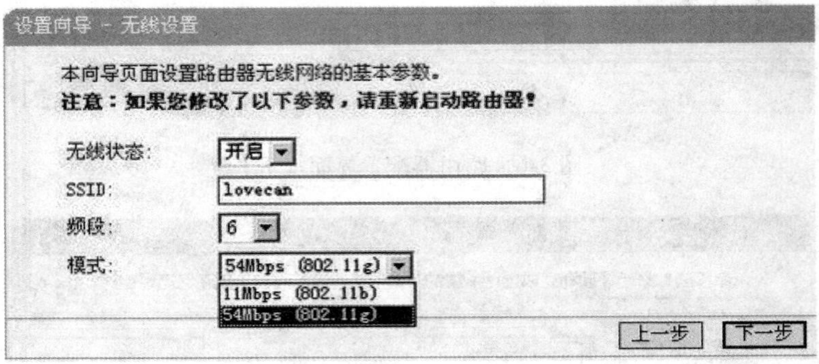

图 3-10　路由器配置界面（九）

无线路由器的配置管路页面比有线路由多了无线参数这一选项，单击无线参数，就可以对无线参数进行设置，完成上网设置。

3.1.3.2　E8-C（FTTH）家庭网关宽带上网设置

E8-C（FTTH）家庭网关常见形态的面板示意及面板 LED 指示灯说明。

形态一：2 + 1（2 个网口 + 1 个语音口），如图 3-12 所示。

形态二：4 + 2（4 个网口 + 2 个语音口），如图 3-13 所示。

面板上的 LED 状态指示灯说明如下：

网络 E：光纤接口。

网口 1、网口 3、网口 4：宽带上网业务。

iTV：视频业务。

语音 2、语音 1：语音业务，下接电话机。

光信号：指示光路的工作状态。

电源：指示电源工作状态。

使用 Windows 7 自带拨号软件：

第 1 步：用网线将电脑连接至家庭网关的网口 1。

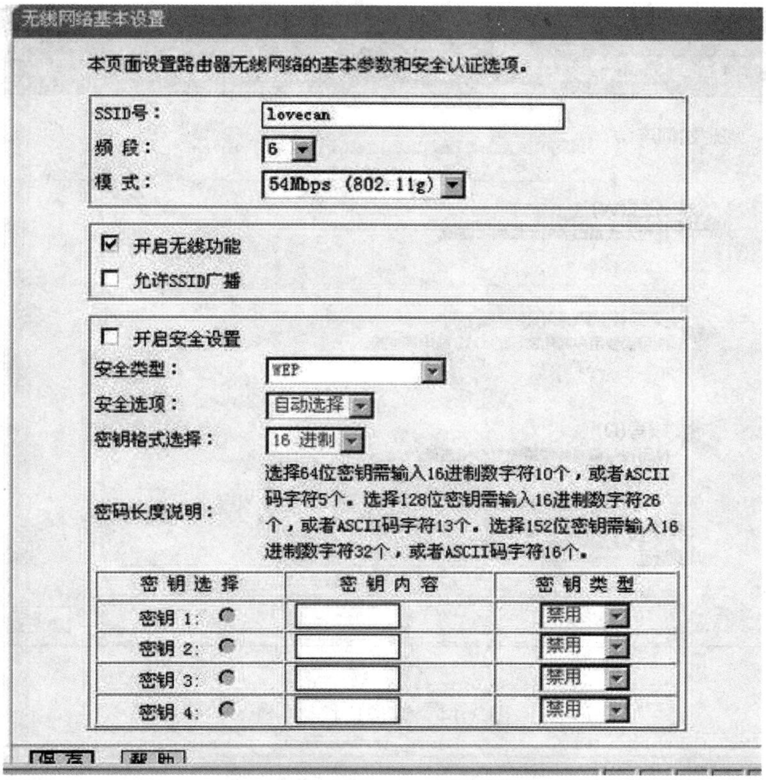

无线网络基本设置

本页面设置路由器无线网络的基本参数和安全认证选项。

SSID号：　　　lovecan

频　段：　　　6

模　式：　　　54Mbps（802.11g）

☑ 开启无线功能
☐ 允许SSID广播

☐ 开启安全设置
安全类型：　　WEP
安全选项：　　自动选择
密钥格式选择：16 进制

密码长度说明：选择64位密钥需输入16进制数字符10个，或者ASCII码字符5个。选择128位密钥需输入16进制数字符26个，或者ASCII码字符13个。选择152位密钥需输入16进制数字符32个，或者ASCII码字符16个。

密钥选择	密钥内容	密钥类型
密钥 1: ○		禁用
密钥 2: ○		禁用
密钥 3: ○		禁用
密钥 4: ○		禁用

图 3-11　路由器配置界面（十）

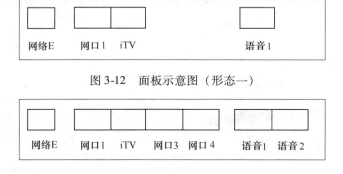

图 3-12　面板示意图（形态一）

图 3-13　面板示意图（形态二）

第 2 步：打开家庭网关。

第 3 步：打开电脑，电脑启动完毕后，作如下操作：

打开菜单"开始"→"控制面板"→"网络和 Internet"下的"连接到 Internet"。

点击"连接到 Internet"→"创建新连接（C）"→"下一步"，如图 3-14 所示。

点击"下一步"，选择"宽带（PPPoE）（R）"，如图 3-15 所示。

点击"宽带（PPPoE）（R）"，在窗口的"用户名（U）"和"密码（P）"框中分别输入宽带账号和宽带账号密码，点击"连接"。如图 3-16 所示。

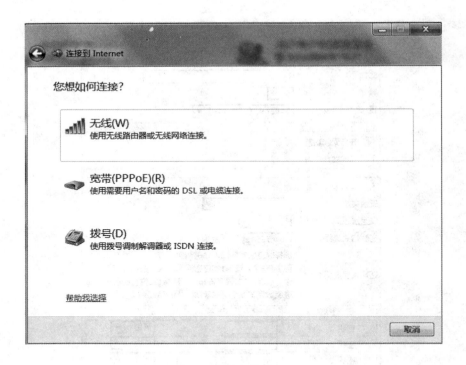

图 3-14　宽带连接（一）

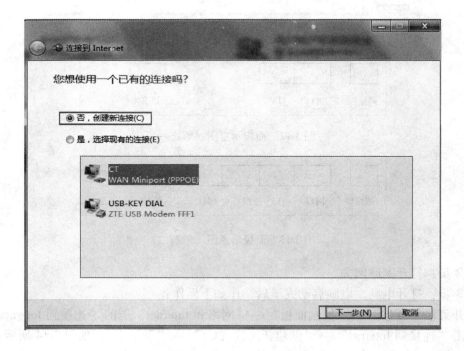

图 3-15　宽带连接（二）

电脑出现如图 3-16 所示的窗口，点击"连接"。拨号成功，宽带上网开通完毕。

图 3-16　宽带连接（三）

3.1.4　知识拓展

3.1.4.1　PPPoE 协议简介

PPPoE（Point-to-Point Protocol over Ethernet）是以太网上的点对点协议，是将点对点协议（PPP）封装在以太网（Ethernet）框架中的一种网络隧道协议。由于协议中集成了 PPP 协议，所以实现了传统以太网不能提供的身份验证、加密以及压缩等功能，也可用于缆线调制解调器（Cable modem）和数字用户线路（DSL）等以以太网协议向用户提供接入服务的协议体系。

本质上，它是一个允许在以太广播域中的两个以太网接口间创建点对点隧道的协议。它使用传统的基于 PPP 的软件来管理一个不是使用串行线路，而是使用类似于以太网的有向分组网络的连接。这种有登录和口令的标准连接，方便了接入供应商的计费。并且，连接的另一端仅当 PPPoE 连接接通时才分配 IP 地址，所以允许 IP 地址的动态复用。

3.1.4.2　速率的误解

在家庭宽带接入中，常出现这样的问题：“我办的是 2M 的宽带套餐，下载速率却只有 200 多 kbps，是不是没给我那么高的带宽？”其实这是因为宽带速率单位不同而引起的误解。所有的运营商所说的宽带速率的单位都是比特/秒，2M 就是指 2M 比特/秒，而电脑上常用下载软件所显示的速率单位都是字节/秒，这里存在一个 8 倍的换算关系，1 个字节 = 8 个比特，即电脑上看到的下载速率要乘以 8，才能换算成运营商所说的带宽速率。

如：用户办了 2M 的带宽（比特/秒），2000÷8=250k（字节/秒），那么用户在软件上能看到的下载速率最高不会超过 250k（还要考虑传输损耗的影响），这个时候千万不要以为是提供的带宽不够，而是存在单位换算。

任务 3.2　简单以太网的组建

【知识要点】

知识目标：了解以太网的组网方式及常用网络设备。

能力目标：培养学生根据用户需求进行网络组建的能力。

3.2.1　任务描述与分析

3.2.1.1　任务描述

目前，以太网是最具影响力和应用最广泛的局域网，由于其组网简单、组建造价低廉，因此成为事实上的局域网标准。计算机组网涉及计算机网络从涉及、建造到维护的全部生存过程，其涉及内容广泛。本次任务通过简单的以太网组网实验，让学生了解和掌握计算机组网的基本方法和过程。

3.2.1.2　任务分析

要组建一个基本的网络，只需要一台集线器（Hub）或一台交换机、几块网卡和几十米 UTP 电缆就能完成。这样搭建起来的小网络虽然简易，却是全球数量最多的网络。在那些只有二三十人的小型公司、办公室、分支机构中，都能看到这样的小网络。事实上，这样的简单网络是更复杂网络的基本单位。把这些小的、简单的网络互联到一起，就形成了更复杂的局域网 LAN。再把局域网互联到一起，就组建出广域网 WAN。

3.2.2　相关知识

3.2.2.1　以太网结构

以太网在逻辑上采用共享总线的拓扑结构（物理上可能是一个星形结构），如图 3-17 所示。介质访问控制方式采用带有冲突检测的载波侦听多路访问策略（CSMA/CD）。在以太网中任何节点都没有可预约的发送时间，各节点随机发送数据。网络中不存在集中控制节点，所有节点都平等地争用总线，因此，CSMA/CD 的介质访问控制方式属于随机争用方式。

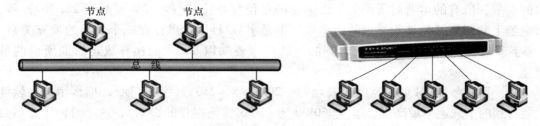

图 3-17　以太网结构

以太网组网采用的传输介质可以是同轴电缆、双绞线、光缆等，网络速度有 10Mbps、100Mbps、1Gbps 等。但是，无论采用何种传输介质和网络速度，以太网都是使用 CSMA/CD 的介质访问控制。

以太网使用的主要技术标准和技术参数见表 3-1。

表 3-1　以太网使用的主要技术标准和技术参数

标　准	使用的传输介质	速率/Mbps	物理拓扑
10BASE5	50Ω 粗同轴电缆	10	总线
10BASE2	50Ω 细同轴电缆	10	总线
10BASE-T	3 类、4 类、5 类或超 5 类 UTP 双绞线	10	星形
100BASE-TX	5 类或超 5 类 UTP 双绞线	100	星形
100BASE-FX	光缆	100	星形

3.2.2.2　组网设备与器件

不同标准的以太网组网需要使用不同的设备和器件，10BASE-T 和 100BASE-T 组网所需的设备和器件主要有：带有 RJ-45 连接头的 UTP 双绞线电缆、带有 RJ-45 接口的以太网卡、10/100 集线器（交换机）等。

以下介绍以太网集线器与交换机。

A　以太网集线器

集线器处于网络星形拓扑结构的中心，是以太网中最重要、最关键的设备之一，目前已经被交换机所代替，如图 3-18 所示。集线器（Hub）也称为多端口中继器。当集线器的一个端口接收到数据帧后，首先要对接收到的信号进行中继，然后向其他每个端口广播发送。只有通过集线器，以太网中节点之间的通信才能完成。

集线器具有如下主要功能和特性：

（1）用作以太网的集中连接点。

（2）放大接收到的信号。

（3）转发数据信号。

（4）无过滤功能。

（5）无路由检测和交换功能。

（6）不同速率的集线器不能级联。

图 3-18　以太网集线器与交换机

集线器的主要缺点是：对流经的数据流没有过滤功能，也没有路径检测功能。从逻辑上看，采用集线器组成的以太网（无论是单一集线器构成，还是多个集线器级联构成）是由一条公共电缆连接起来的共享式网络。当数据到达一个端口后，集线器不做任何检测和过滤，直接将数据帧"广播"到所有端口，而不管这些端口连接的设备是否需要。可见，站点越多，集线器的"广播"量越大，整个网络的性能也变得越差。

传统的共享式以太网在组网过程中暴露出它的弱点，这些弱点主要是覆盖地理范围有限、网络总带宽容量固定及不支持多种速率等。为解决共享式以太网存在的这些问题，交换式以太网应运而生。

B　以太网交换机

通常，利用"分段"的方法解决共享式以太网的带宽争用问题。所谓"分段"就是将有数量众多站点的以太网分割成两个或多个网段，每个被分割后网段继续使用 CSMA/CD 访问控制维持段内站点的通信，网段与网段之间通过所谓的"交换"设备（即交换机）进行沟通，这种交换设备可以将在某网段收到的数据帧，经过简单的处理后转发给另一网段。

与共享式以太网在某一时刻只允许一个站点占用共享信道的传输方式不同，以太网交换机可以通过交换机端口之间的多个并发连接，实现多个站点之间数据帧的并发传输。

交换式以太网建立在以太网基础上，利用以太网交换机进行组网。这种交换式以太网既可以将计算机直接连到交换机端口上，也可以将它们连入一个网段，然后将这个网段连到交换机的端口。如果将计算机直接连到交换机端口，那么它将独享该端口提供的带宽。如果计算机通过网段连入交换机，那么该网段上的所有计算机共享交换机端口提供的带宽。

3.2.3　任务实施

3.2.3.1　共享式以太网的组网

根据网络规模和主机分布情况，利用 UTP 电缆和集线器组建以太局域网可以采用单一集线器结构和多集线器级联结构。

A　单一集线器结构

如果规模不大，联网主机比较集中，则可以采用单一集线器进行组网，可以组建标准 10M 以太网或快速 100M 以太网。只要将安装有 10M 网卡（或 10/100M 自适应网卡）的主机通过 UTP 电缆与集线器相连即可，但连接主机到集线器的 UTP 电缆最大长度不能超过 100m。

单一集线器结构的组网适用于小型工作组规模的局域网，一般支持 2～24 台主机联网，如图 3-19 所示。

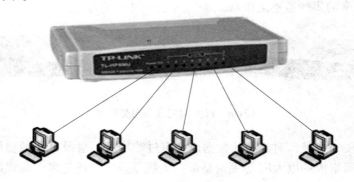

图 3-19　集线器

B　多集线器级联结构

当联网的主机数超过单一集线器所提供的端口数时，或者联网主机的位置比较分散时，可以使用多集线器级联方式进行组网。

通常，集线器都提供一个专门用于同其他集线器进行级联的上行端口，利用该端口可以使用直通 UTP 电缆与另一台集线器的普通端口进行级联。如果集线器不提供上行端口，或上行端口被占用，则使用交叉 UTP 电缆连接两个集线器的普通端口进行级联。

多集线器进行级联时，可以采用平行方式级联（见图 3-20）和树状方式级联（见图 3-21）。

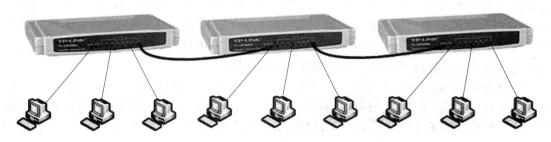

图 3-20　平行方式级联

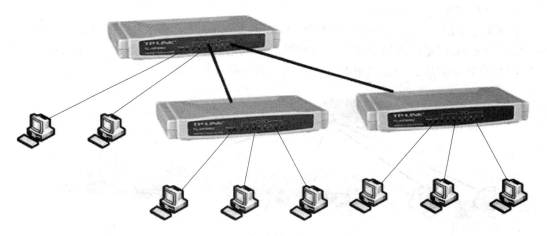

图 3-21　树状方式级联

无线路由器的配置管路页面比有线路由多了无线参数这一选项，单击无线参数，就可以对无线参数进行设置。

3.2.3.2　快速以太网的组网

随着网络的发展，传统标准的 10M 以太网技术已难以满足日益增长的网络数据流量速度需求。对于要求 10M 以上 LAN 应用，快速以太网技术能有效利用现有的布线基础设施，提供总带宽为 100M 的传输速度，它支持 3、4、5 类双绞线以及光纤的连接，分为 3 个标准：100BASE-TX、100BASE-FX、100BASE-T4。

快速以太网的不足也是以太网技术的不足，那就是快速以太网仍是基于共享和争用带宽的载波侦听多路访问/冲突检测（CSMA/CD）技术。当网络负载较重时，会造成效率的降低，当然这可以使用交换技术来弥补。

A　快速以太网标准

100BASE-TX 是一种使用 5 类数据级无屏蔽双绞线或屏蔽双绞线的快速以太网技术。它使用两对双绞线，一对用于发送，一对用于接收数据。在传输中使用 4B/5B 编码方式，信号频率为 125MHz。符合 EIA586 的 5 类布线标准和 IBM 的 SPT 1 类布线标准。它使用同 10BASE-T 相同的 RJ-45 连接器，其最大网段长度为 100m，支持全双工的数据传输。

100BASE-FX 是一种使用光缆的快速以太网技术，可使用单模和多模光纤（62.5μm 和 125μm）。多模光纤连接的最大距离为 550m。单模光纤连接的最大距离为 3000m。在传输中使用 4B/5B 编码方式，信号频率为 125MHz。它使用 MIC/FDDI 连接器、ST 连接器或 SC 连接器。它的最大网段长度为 150m、412m、2000m 或更长至 10km，这与所使用的光纤类型和工作模式有关，它支持全双工的数据传输。100BASE-FX 特别适合于有电气干扰的环境、较大距离连接或高保密环境等情况下的使用。

100BASE-T4 是一种可使用 3、4、5 类无屏蔽双绞线或屏蔽双绞线的快速以太网技术。它使用 4 对双绞线，3 对用于传送数据，1 对用于检测冲突信号。在传输中使用 8B/6T 编码方式，信号频率为 25MHz，符合 EIA586 结构化布线标准。它使用与 10BASE-T 相同的 RJ-45 连接器，最大网段长度为 100m。

B　快速以太网组网结构

快速以太网组网方式和传统以太网 10BASE-T 组网方式基本相同，如图 3-22 所示。100BASE-T 仍采用星形或树形结构。组网形式可以是共享方式或交换方式，取决于网络使用环境及业务量需求，根据需求合理选择共享或交换式集线器。

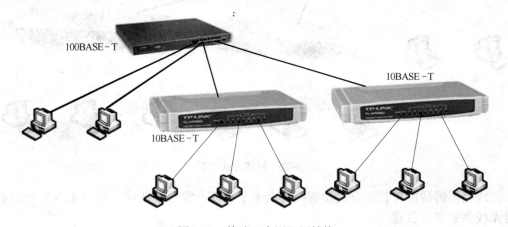

图 3-22　快速以太网组网结构

组网设备由网络集中器、中继器、路由器、网卡、工作站、服务器及传输媒体构成。通常采用无屏蔽双绞线 UTP 作为传输媒体，对于有电磁干扰区域或楼间布线可采用光缆组成 100BASE-FX 结构。在组建部门级网络时，广泛采用快速以太网做主干网或二级子网。

3.2.4　知识拓展

3.2.4.1　数据封装

所谓数据封装，就是指一个数据包在发送前，主机需要为每个数据段封装报头。在报头中，最重要的东西就是地址了。

数据报在传送之前，需要被分成一个个的数据段，然后为每个数据段封装上三个报头（帧报头、IP 报头、TCP 报头）和一个报尾，如图 3-23 所示。

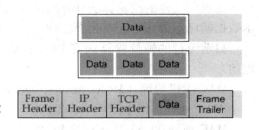

图 3-23　数据报的分段与封装

被封装好了报头和报尾的一个数据段，被称为一个数据帧。

将数据分段的目的有两个：便于数据出错重发和通信线路的争用平衡。

如果在通信过程中数据出错，则需要重发数据。如果一个 2M bytes 的数据报没有被分段，一旦出现数据错误，就需要将整个 2M bytes 的数据重发。如果将之划分为 1500 bytes 的数据段，将只需要重发出错的数据段。

当多个主机的通信需要争用同一条通信线路时，如果数据报被分段，争用到通信线路的主机将只能发送一个 1500 bytes 的数据段，然后就需要重新争用。这样就避免了一台主机独占通信线路，进而实现多台主机对通信线路的平衡使用。

一个数据段需要封装三个不同的报头，帧报头、IP 报头和 TCP 报头。帧报头中封装了目标 MAC 地址和源 MAC 地址；IP 报头中封装了目标 IP 地址和源 IP 地址；TCP 报头中封装了目标 port 地址和源 port 地址。因此，一个局域网的数据帧中封装了 6 个地址：一对 MAC 地址、一对 IP 地址和一对 port 地址。

在前面已经看到了 MAC 主机地址的使用。人们知道，用集线器联网的时候，不管是不是给本主机的数据包，它都会发到本主机的网卡上来，由网卡判断这一帧数据是否是发给自己的，需不需要抄收。

除了 MAC 地址外，每台主机还需要有一个 IP 地址。为什么一个主机需要两个地址，因为 MAC 地址只是给主机地址编码，当搭建更复杂一点的网络时，不仅要知道目标主机的地址，还需要知道目标主机在哪个网络上。因此，还需要目标主机所在网络的网络地址。IP 地址中就包含有网络地址和主机地址两个信息。当数据报要发给其他网络的主机时，互联网络的路由器设备需要查询 IP 地址中的网络地址部分的信息，以便选择准确的路由，把数据发往目标主机所在的网络。因此可以理解为：MAC 地址是用于网段内寻址的地址，而 IP 地址则用于网间寻址。

当数据通过 MAC 地址和 IP 地址联合寻址到达目标主机后，目标主机需要把这个数据交给某个应用程序去处理。例如邮件服务程序、浏览器程序（如大家熟悉的 IE）。报头中的目标端口地址（port 地址）正是用来为目标主机指明它该用什么程序来处理接收到的数据的。

由此可见，要完成数据的传输，需要三级寻址：

（1）MAC 地址：网段内寻址。

（2）IP 地址：网间寻址。

（3）端口地址：应用程序寻址。

一个数据帧的尾部，有一个帧报尾。帧报尾用于检查一个数据帧从发送主机传送到目标主机的过程中是否完好。帧报尾中存放的是发送主机放置的称为 CRC 校验的校验结果。

接收主机用同样的校验算法计算的结果与发送主机的计算结果比较，如果两者不同，说明本数据帧已经损坏，需要丢弃。

目前流行的帧校验算法有 CRC 校验、Two-dimensional parity 校验和 Internet checksum 校验。

MAC 主机地址（Media Access Control ID）是一个 6 字节的地址码，每块主机网卡都有一个 MAC 地址，由生产厂家在生产网卡的时候固化在网卡的芯片中。

MAC 地址 00-60-2F-3A-07-BC 的高 3 个字节是生产厂家的企业编码 OUI，例如 00-60-2F 是思科公司的企业编码。低 3 个字节 3A-07-BC 是随机数。MAC 地址以一定概率保证一个局域网网段里的各台主机的地址唯一，如图 3-24 所示。

有一个特殊的 MAC 地址：ff-ff-ff-ff-ff-ff。这个二进制全为 1 的 MAC 地址是个广播地址，表示这帧数据不是发给某台主机的，而是发给所有主机的。

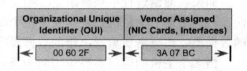

图 3-24　MAC 地址的结构

在 Windows 系统中，可以在"命令提示符"窗口用 Ipconfig/all 命令查看到本机的 MAC 地址。

由于 MAC 地址是固化在网卡上，如果更换主机里的网卡，这台主机的 MAC 地址也就随之改变了。MAC 是 Media Access Control 的缩写。MAC 地址也称为主机的物理地址或硬件地址。

3.2.4.2　交换机的工作原理

A　以太网交换机的工作原理

交换机用以替代集线器将 PC、服务器和外设连接成一个网络。以太网交换机如图 3-25 所示。

图 3-25　以太网交换机

因为集线器是一个总线共享型的网络设备，在集线器连接组成的网段中，当两台计算机通信时，其他计算机的通信就必须等待，这样的通信效率是很低的。而交换机区别于集线器的是能够同时提供点对点的多个链路，从而大大提高了网络的带宽。

交换机的核心是交换表。交换表是一个交换机端口与 MAC 地址的映射表，如图 3-26 所示。

一帧数据到达交换机后，交换机从其帧报头中取出目标 MAC 地址，通过查表，得知应该向哪个端口转发，进而将数据帧从正确的端口转发出去。如图 3-26 所示，当左上方的计算机希望与右下方的计算机通信时，左上方主机将数据帧发给交换机。交换机从 e0 端口收到数据帧后，从其帧报头中取出目标 MAC 地址 0260.8c01.4444。通过查交换表，

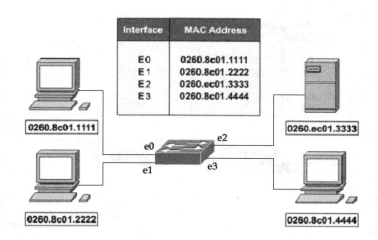

图 3-26　以太网交换机中的交换表

得知应该向 e3 端口转发，进而将数据帧从 e3 端口转发出去。

可以看到，在 e0、e3 端口进行通信的同时，交换机的其他端口仍然可以通信。例如 e1、e2 之间仍然可以同时通信。

如果交换机在自己的交换表中查不到该向哪个端口转发，则向所有端口转发。当然，广播数据报（目标 MAC 地址为 FFFF.FFFF.FFFF 的数据帧）到达交换机后，交换机将广播报文向所有端口转发。因此，交换机有两种数据帧将会向所有端口转发：广播帧和用交换表无法确认转发端口的数据帧。

交换机的核心是交换表。交换表是通过自学习得到的。来看看交换机是如何学习生成交换表的。

交换表放置在交换机的内存中。交换机刚上电的时候，交换表是空的。当 0260.8c01.1111 主机向 0260.ec01.2222 主机发送报文的时候，交换机无法通过交换表得知应该向哪个端口转发报文。于是，交换机将向所有端口转发。

虽然交换机不知道目标主机 0260.ec01.2222 在自己的哪个端口，但是它知道报文是来自 e0 端口。因此，转发报文后，交换机便把帧报头中的源 MAC 地址 0260.8c01.1111 加入到其交换表 e0 端口行中。

交换机对其他端口的主机也是这样辨识其 MAC 地址。经过一段时间后，交换机通过自学习，得到完整的交换表。

可以看到，交换机的各个端口是没有自己的 MAC 地址的。交换机各个端口的 MAC 地址是它所连接的 PC 机的 MAC 地址。

如图 3-27 所示，当交换机级联的时候，连接到其他交换机的主机的 MAC 地址都会捆绑到本交换机的级联端口。这时，交换机的一个端口会捆绑多个 MAC 地址（见图 3-27 中的 e1 端口）。

为了避免交换表中的垃圾地址，交换机对交换表有遗忘功能。即交换机每隔一段时间，就会清除自己的交换表，重新学习、建立新的交换表。这样做付出的代价是重新学习花费的时间和对带宽的浪费。但这是迫不得已而必须做的。新的智能化交换机，可以选择遗忘那些长时间没有通信流量的 MAC 地址，进而改进交换机的性能。

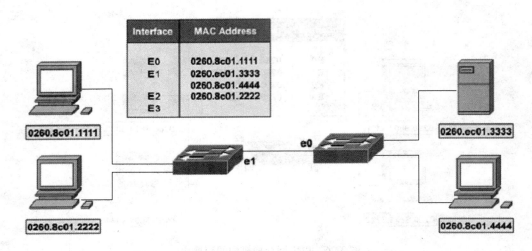

图 3-27　交换机的一个端口可以捆绑多个 MAC 地址

如果用以太网交换机连接一个简单的网络，一台新的交换机不需要任何配置，将各个主机连接到交换机上就可以工作了。这时，使用交换机与使用集线器联网同样简单。

B　以太网交换机的类型

目前以太网交换机主要采用以下两种交换方式：直通式（cut through）和存储转发式（store and forward）。

直通式：交换控制器收到以太端口的报文包时，读出帧报头中的目标 MAC 地址，查询交换表，将报文包转发到相应端口。

存储转发方式：接收到的报文包首先接受 CRC 校验。然后根据帧报头中的目标 MAC 地址和交换表，确定转发的输出端口。然后把该报文包放到那个输出端口的高速缓冲存储器中排队、转发。

直通式交换机收到报文包后几乎只要接收到报头中的目标 MAC 地址就可以立即转发，不需要等待收到整个数据帧。而存储转发方式需要收到整个报文包并完成 CRC 校验后才转发，所以存储转发方式与直通式相比，缺点是延迟相对大一些。

但是，存储转发方式不再转发损坏了的报文包，节省了网络带宽和其他网络设备的CPU 时间。

存储转发方式的每个端口提供高速缓冲存储器，可靠性高，且适用于速度不同链路之间的报文包转发。另外，服务质量优先 QoS 技术也只能在存储转发方式交换机中实现。

情境 4　构建中小型企业网

【情境描述】

成都天昊科技公司由于公司业务发展，需要在公司所属的三栋建筑物内建立公司的局域网，实现各部门之间的互连互通与信息共享。主要应用有基础网络应用（内部文件共享、办公自动化、邮件、网站服务）和业务应用；Intranet 要提供的服务，如 DHCP、DNS、Web 服务等；各大楼采用光纤布线，楼层需要百兆交换到桌面；只申请一个公网 IP 接入 Internet。

【任务分解】

序　号	任 务 名 称	序　号	任 务 名 称
4.1	网络设计与设备选型	4.3	学习交换机的配置
4.2	逻辑网络与 IP 地址规划	4.4	学习路由器的配置

任务 4.1　网络设计与设备选型

【知识要点】

知识目标：掌握网络的需求分析与网络拓扑设计。

能力目标：具备基本的中小型的设计与设备选型能力。

4.1.1　任务描述与分析

4.1.1.1　任务描述

某公司分布在 1 号楼、2 号楼和 3 号楼中，其中：

1 号楼：3 层建筑，为该公司的主要办公楼。内有财务部、销售部、人事行政部和客服部。计算机总量为 30 台左右，其中需要连入 Internet 的计算机大约在 15 台。

2 号楼：2 层建筑，为该公司的研发楼，内有研发部。计算机的总量约为 20 台，全部连入 Internet。

3 号楼：2 层建筑，为该公司的生产楼。计算机的总量为 2 台，全部需要连入 Internet。

企业网络的主要应用有基础网络应用（内部文件共享、办公自动化、邮件、网站服务）和业务应用；Intranet 要提供的服务，如 DHCP、DNS、Web 服务等；各大楼采用光纤布线，楼层需要百兆交换到桌面；只申请一个公网 IP 接入 Internet。

4.1.1.2　任务分析

通过任务描述知道该项目的网络规模：3 栋大楼，共 6 个部门。共 52 台计算机，其中 37 台接入 Internet。

4.1.2　相关知识

4.1.2.1　交换机的性能指标

A　转发速率

转发速率是交换机的一个非常重要的参数。转发速率通常以"Mpps"（Million packet per second，每秒百万包数）来表示，即每秒能够处理的数据包的数量。转发速率体现了交换引擎的转发功能，该值越大，交换机的性能越强劲。

B　端口吞吐量

端口吞吐量反映交换机端口的分组转发能力。通常可以通过两个相同速率的端口进行测试，吞吐量是指在没有帧丢失的情况下，设备能够接受的最大速率。

C　背板带宽

背板带宽是交换机接口处理器或接口卡和数据总线间所能吞吐的最大数据量。背板带宽体现了交换机总的数据交换能力，单位为 Gbps，也称为交换带宽。一台交换机的背板带宽越高，所能处理数据的能力就越强，但同时设计成本也会越高。

D　端口种类

交换机按其所提供的端口种类不同主要包括三种类型的产品，它们分别是纯百兆端口交换机、百兆和千兆端口混合交换机及纯千兆端口交换机。每一种产品所应用的网络环境各不相同，核心骨干网络上最好选择千兆产品，上连骨干网络一般选择百兆/千兆混合交换机，边缘接入一般选择纯百兆交换机。

E　MAC 地址数量

每台交换机都维护着一张 MAC 地址表，记录 MAC 地址与端口的对应关系。交换机就是根据 MAC 地址将访问请求直接转发到对应端口上的。存储的 MAC 地址数量越多，数据转发的速度和效率也就越高，抗 MAC 地址溢出供给能力也就越强。

F　缓存大小

交换机的缓存用于暂时存储等待转发的数据。如果缓存容量较小，当并发访问量较大时，数据将被丢弃，从而导致网络通信失败。只有缓存容量较大，才可以在组播和广播流量很大的情况下，提供更佳的整体性能，同时保证最大可能的吞吐量。目前，几乎所有的廉价交换机都采用共享内存结构，由所有端口共享交换机内存，均衡网络负载并防止数据包丢失。

G　支持网管类型

网管功能是指网络管理员通过网络管理程序对网络上的资源进行集中化管理的操作，包括配置管理、性能和记账管理、问题管理、操作管理和变化管理等。一台设备所支持的管理程度反映了该设备的可管理性及可操作性，现在交换机的管理通常是通过厂商提供的管理软件或通过满足第三方管理软件的管理来实现的。

H　VLAN 支持

一台交换机是否支持 VLAN 是衡量其性能好坏的一个重要指标。通过将局域网划分为虚拟网络 VLAN 网段，可以强化网络管理和网络安全，控制不必要的数据广播，减少广播风暴的产生。由于 VLAN 是基于逻辑上连接而不是物理上的连接，因此网络中工作组的划分可以突破共享网络中的地理位置限制，而完全根据管理功能来划分。目前，好的产品可提供功能较为细致丰富的虚网划分功能。

I　支持的网络类型

一般情况下，固定配置式不带扩展槽的交换机仅支持一种类型的网络，机架式交换机和固定配置式带扩展槽的交换机则可以支持一种以上类型的网络，如支持以太网、快速以太网、千兆以太网、ATM、令牌环及 FDDI 等。一台交换机所支持的网络类型越多，其可用性、可扩展性越强。

J　冗余支持

冗余强调了设备的可靠性，也就是当一个部件失效时，相应的冗余部件能够接替工作，使设备继续运转。冗余组件一般包括管理卡、交换结构、接口模块、电源、机箱风扇等。对于提供关键服务的管理引擎及交换结构模块，不仅要求冗余，还要求这些部件具有"自动切换"的特性，以保证设备冗余的完整性。

4.1.2.2　交换机的分类

根据不同的标准，可以对交换机进行不同的分类。不同种类的交换机其功能特点和应用范围也有所不同，应当根据具体的网络环境和实际需求进行选择。

A　可网管交换机和傻瓜交换机

以交换机是否可管理，可以将交换机划分为可网管交换机和傻瓜交换机两种类型。

a　可网管交换机

可网管交换机也称智能交换机，它拥有独立的操作系统，且可以进行配置与管理。一台可网管的交换机在正面或背面一般有一个网管配置 Console 接口，现在的交换机控制台端口一般采用 RJ-45 端口，如图 4-1 所示。可管理型交换机便于网络监控、流量分析，但成本也相对较高。大中型网络在汇聚层应该选择可管理型交换机，在接入层视应用需要而定，核心层交换机则全部是可管理型交换机。

b　傻瓜交换机

不能进行配置与管理的交换机称为不可网管交换机，也称傻瓜交换机。如果局域网对安全性要求不是很高，接入层交换机可以选用傻瓜交换机。由于傻瓜交换机价格非常便宜，所以被广泛应用于低端网络（如学生机房、网吧等）的接入层，用于提供大量的网络接口。

B　固定端口交换机和模块化交换机

以交换机的结构为标准，交换机可分为固定端口交换机和模块化交换机两种。

a　固定端口交换机

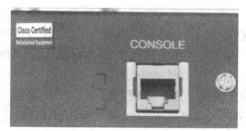

图 4-1　RJ-45 控制端口

固定端口交换机只能提供有限数量的端口和固定类型的接口（如 100Base-T、1000Base-T 或 GBIC、SFP 插槽）。一般的端口标准是 8 端口、16 端口、24 端口、48 端口等。固定端口交换机通常作为接入层交换机，为终端用户提供网络接入，或作为汇聚层交换机，实现与接入层交换机之间的连接。如图 4-2 所示为 Cisco Catalyst 3560 系列固定端口交换机。如果交换机拥有 GBIC、SFP 插槽，也可以通过采用不同类型的 GBIC、SFP 模块（如 1000Base-SX、1000Base-LX、1000Base-T 等）来适应多种类型的传输介质，从而拥有一定程度的灵活性。

b　模块化交换机

模块化交换机也称机箱交换机，它拥有更大的灵活性和可扩充性。用户可任意选择不同数量、不同速率和不同接口类型的模块，以适应千变万化的网络需求。如图 4-3 所示为 Cisco Catalyst 4503 模块化交换机。模块化交换机大都具有很高的性能（如背板带宽、转发速率和传输速率等）和很强的容错能力，支持交换模块的冗余备份，并且往往拥有可插拔的双电源，以保证交换机的电力供应。模块化交换机通常被用于核心交换机或骨干交换机，以适应复杂的网络环境和网络需求。

图 4-2　Cisco Catalyst 3560 系列固定端口交换机　　图 4-3　Cisco Catalyst 4503 模块化交换机

C　接入层交换机、汇聚层交换机和核心层交换机

以交换机的应用规模为标准，交换机被划分为接入层交换机、汇聚层交换机和核心层交换机。

在构建满足中小型企业需求的 LAN 时，通常采用分层网络设计，以便于网络管理、网络扩展和网络故障排除。分层网络设计需要将网络分成相互分离的层，每层提供特定的功能，这些功能界定了该层在整个网络中扮演的角色。

a　接入层交换机

部署在接入层的交换机就称为接入层交换机，也称工作组交换机，通常为固定端口交换机，用于实现终端计算机的网络接入。接入层交换机可以选择拥有 1～2 个 1000Base-T 端口或 GBIC、SFP 插槽的交换机，用于实现与汇聚层交换机的连接。如图 4-4 所示为 Cisco Catalyst 2960 系列交换机。

b　汇聚层交换机

部署在汇聚层的交换机称为汇聚层交换机，也

图 4-4　Cisco Catalyst 2960 系列交换机

称骨干交换机、部门交换机，是面向楼宇或部门接入的交换机。汇聚层交换机首先汇聚接入层交换机发送的数据，再将其传输给核心层，最终发送到目的地。汇聚层交换机可以是固定端口交换机，也可以是模块化交换机，一般配有光纤接口。与接入层交换机相比，汇聚层交换机通常全部采用 1000Mbps 端口或插槽，拥有网络管理的功能。如图 4-5 所示为 Cisco WS-C3750G-24T-S 交换机。

图 4-5　Cisco WS-C3750G-24T-S 交换机

c　核心层交换机

部署在核心层的交换机称为核心层交换机，也称中心交换机。核心层交换机属于高端交换机，一般全部采用模块化结构的可网管交换机，作为网络骨干构建高速局域网。如图 4-6 所示为 Cisco WS-C6509 模块化交换机。

D　第二层、第三层、第四层交换机

根据交换机工作在 OSI 七层网络模型的协议层不同，交换机又可以分为第二层交换机、第三层交换机、第四层交换机等。

a　第二层交换机

第二层交换机依赖于数据链路层的信息（如 MAC 地址）完成不同端口间数据的线速交换，它对网络协议和用户应用程序完全是透明的。第二层交换机通过内建的一张 MAC 地址表来完成数据的转发决策。接入层交换机通常全部采用第二层交换机。

图 4-6　Cisco WS-C6509 模块化交换机

b　第三层交换机

第三层交换机具有第二层交换机的交换功能和第三层路由器的路由功能，可将 IP 地址信息用于网络路径选择，并实现不同网段间数据的快速交换。当网络规模较大或通过划分 VLAN 来减小广播所造成的影响时，只有借助第三层交换机才能实现。在大中型网络中，核心层交换机通常都由第三层交换机来充当。当然，某些网络应用较为复杂的汇聚层交换机也可以选用第三层交换机。

c　第四层交换机

第四层交换机工作在传输层，通过包含在每一个 IP 数据包包头中的服务进程/协议（例如 HTTP 用于传输 Web，Telnet 用于终端通信，SSL 用于安全通信等）来完成报文的交换和传输处理，并具有带宽分配、故障诊断和对 TCP/IP 应用程序数据流进行访问控制等功能。由此可见，第四层交换机应当是核心层交换机的首选。

E　快速以太网交换机、吉比特以太网交换机和 10 吉比特以太网交换机

依据交换机所提供的传输速率为标准，可以将交换机划分为快速以太网交换机、吉比

特以太网交换机和 10 吉比特以太网交换机等。

a　快速以太网交换机

快速以太网交换机是指交换机所提供的端口或插槽全部为 100Mbps，几乎全部为固定配置交换机，通常用于接入层。为了保证与汇聚层交换机实现高速连接，通常配置有少量（1~4个）的 1000Mbps 端口。快速以太网交换机的接口类型包括：

（1）100Base-T 双绞线端口。

（2）100Base-FX 光纤接口。

b　吉比特以太网交换机

吉比特以太网交换机也称千兆位以太网交换机，是指交换机提供的端口或插槽全部为 1000Mbps，可以是固定端口交换机，也可以是模块化交换机，通常用于汇聚层或核心层。吉比特以太网交换机的接口类型包括：

（1）1000Base-T 双绞线端口。

（2）1000Base-SX 光纤接口。

（3）1000Base-LX 光纤接口。

（4）1000Base-ZX 光纤接口。

（5）1000Mbps GBIC 插槽。

（6）1000Mbps SFP 插槽。

c　10 吉比特以太网交换机

10 吉比特以太网交换机也称万兆位以太网交换机，是指交换机拥有 10Gbps 以太网端口或插槽，可以是固定端口交换机，也可以是模块化交换机，通常用于大型网络的核心层。10 吉比特以太网交换机接口类型包括：

（1）10GBase-T 双绞线端口。

（2）10Gbps SFP 插槽。

F　对称交换机和非对称交换机

以交换机端口速率的一致性为标准，可将交换机分为对称交换机或非对称交换机两类。

a　对称交换机

在对称交换机中，所有端口的传输速率均相同，全部为 100Mbps（快速以太网交换机）或者全部为 1Gbps（吉比特以太网交换机）。其中，100Mbps 对称交换机用于小型网络或者充当接入层交换机，1Gbps 对称交换机则主要充当大中型网络中的汇聚层或核心层交换机。

b　非对称交换机

非对称交换机是指拥有不同速率端口的交换机。提供不同带宽端口（例如 100Mbps 端口和 1000Mbps 端口）之间的交换连接。其通常拥有 2~4 个高速率端口（1Gbps 或 10Gbps）以及 12~48 个低速率端口（100Mbps 或 1Gbps）。高速率端口用于实现与汇聚层交换机、核心层交换机、接入层交换机和服务器的连接，搭建高速骨干网络。低速率端口则用于直接连接客户端或其他低速率设备。

4.1.2.3　路由器简介

路由器是一种连接多个网络或网段的网络设备，它能将不同网络或网段之间的数据信息进行"翻译"，使不同的网络或网段能够相互"读"懂对方的数据，从而构成一个更大的网络。

路由器有两大主要功能，即数据通道功能和控制功能。数据通道功能包括转发决定、背板转发以及输出链路调度等，一般由特定的硬件来完成；控制功能一般用软件来实现，包括与相邻路由器之间的信息交换、系统配置、系统管理等。

路由器是 OSI 七层网络模型中的第三层设备，当路由器收到任何一个来自网络中的数据包（包括广播包在内）后，首先要将该数据包第二层（数据链路层）的信息去掉（称为"拆包"），并查看第三层信息。然后，根据路由表确定数据包的路由，再检查安全访问控制列表；若被通过，则再进行第二层信息的封装（称为"打包"），最后将该数据包转发。如果在路由表中查不到对应 MAC 地址的网络，则路由器将向源地址的站点返回一个信息，并把这个数据包丢掉。路由器具体工作过程如图 4-7 所示。

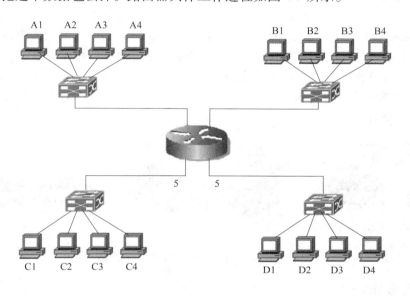

图 4-7　路由器工作过程

A、B、C、D 四个网络通过路由器连接在一起，现假设网络 A 中一个用户 A1 要向 C 网络中的 C3 用户发送一个请求信号，该信号传递的步骤如下：

第 1 步：用户 A1 将目的用户 C3 的地址连同数据信息封装成数据帧，并通过集线器或交换机以广播的形式发送给同一网络中的所有节点。当路由器的 A5 端口侦听到这个数据帧后，分析得知所发送的目的节点不是本网段，需要经过路由器进行转发，就把数据帧接收下来。

第 2 步：路由器 A5 端口接收到用户 A1 的数据帧后，先从报头中取出目的用户 C3 的 IP 地址，并根据路由表计算出发往用户 C3 的最佳路径。因为从分析得知 C3 的网络 ID 号与路由器的 C5 端口所在网络的网络 ID 号相同，所以由路由器的 A5 端口直接发向路由器的 C5 端口应是信号传递的最佳途径。

第 3 步：路由器的 C5 端口再次取出目的用户 C3 的 IP 地址，找出 C3 的 IP 地址中的主机 ID 号，如果在网络中有交换机则可先发给交换机，由交换机根据 MAC 地址表找出具体的网络节点位置；如果没有交换机设备则根据其 IP 地址中的主机 ID 直接把数据帧发送给用户 C3。到此为止，一个完整的数据通信转发过程全部完成。

从上面可以看出，不管网络有多么复杂，路由器其实所做的工作就是这么几步，所以整个路由器的工作原理基本都差不多。当然在实际的网络中还远比图 4-7 所示的要复杂许多，实际的步骤也不会像上述过程那么简单，但总的过程是相似的。

4.1.2.4　路由器的分类

路由器发展到今天，为了满足各种应用需求，相继出现了各式各样的路由器，其分类方法也各不相同。

A　按性能档次划分

按性能档次不同可以将路由器分为高、中和低档路由器，不过不同厂家的划分方法并不完全一致。通常将背板交换能力大于 40Gbps 的路由器称为高档路由器，背板交换能力在 25～40Gbps 之间的路由器称为中档路由器，低于 25Gbps 的就是低档路由器。当然这只是一种宏观上的划分标准，实际上路由器档次的划分不应只按背板带宽进行，而应根据各种指标综合进行考虑。以市场占有率最大的 Cisco 公司为例，12000 系列为高端路由器，7500 以下系列路由器为中低端路由器。图 4-8 所示的左、中、右图分别为 Cisco 的高、中、低三种档次的路由器产品。

图 4-8　Cisco 的高、中、低档路由器产品

B　按结构划分

从结构上划分，路由器可分为模块化和非模块化两种结构。模块化结构可以灵活地配置路由器，以适应企业不断增加的业务需求，非模块化的就只能提供固定的端口。通常中高端路由器为模块化结构，低端路由器为非模块化结构。图 4-9 所示的左、右图分别为非模块化结构和模块化结构路由器产品。

图 4-9　非模块化结构和模块化结构路由器产品

C　从功能上划分

从功能上划分，可将路由器分为核心层（骨干级）路由器、分发层（企业级）路由

器和访问层（接入级）路由器。

a　骨干级路由器

骨干级路由器是实现企业级网络互联的关键设备，其数据吞吐量较大，在企业网络系统中起着非常重要的作用。对骨干级路由器的基本性能要求是高速度和高可靠性。为了获得高可靠性，网络系统普遍采用诸如热备份、双电源、双数据通路等传统冗余技术，从而使得骨干路由器的可靠性一般不成问题。骨干级路由器的主要瓶颈在于如何快速地通过路由表查找某条路由信息，通常是将一些访问频率较高的目的端口放到 Cache 中，从而达到提高路由查找效率的目的。

b　企业级路由器

企业或校园级路由器连接许多终端系统，连接对象较多，但系统相对简单，且数据流量较小。对这类路由器的要求是以尽量方便的方法实现尽可能多的端点互联，同时还要求能够支持不同的服务质量。使用路由器连接的网络系统因能够将机器分成多个广播域，所以可以方便地控制一个网络的大小。此外，路由器还可以支持一定的服务等级（服务的优先级别）。由于路由器的每端口造价相对较贵，在使用之前还要求用户进行大量的配置工作，因此，企业级路由器的成败就在于是否可提供一定数量的低价端口、是否容易配置、是否支持 QoS、是否支持广播和组播等多项功能。

c　接入级路由器

接入级路由器主要应用于连接家庭或 ISP 内的小型企业客户群体。接入路由器要求能够支持多种异构的高速端口，并能在各个端口上运行多种协议。

D　按所处网络位置划分

如果按路由器所处的网络位置划分，可以将路由器划分为"边界路由器"和"中间节点路由器"两类。边界路由器处于网络边界的边缘或末端，用于不同网络之间路由器的连接，这也是目前大多数路由器的类型，如互联网接入路由器和 VPN 路由器都属于边界路由器。边界路由器所支持的网络协议和路由协议比较广，背板带宽非常高，具有较高的吞吐能力，以满足各种不同类型网络（包括局域网和广域网）的互联。而中间节点路由器则处于局域网的内部，通常用于连接不同的局域网，起到一个数据转发的桥梁作用。中间节点路由器更注重 MAC 地址的记忆能力，需要较大的缓存。因为所连接的网络基本上是局域网，所以所支持的网络协议比较单一，背板带宽也较小，这些都是为了获得较高的性价比，适应一般企业的基本需求。

E　从性能上划分

从性能上分，路由器可分为线速路由器以及非线速路由器。所谓线速路由器就是完全可以按传输介质带宽进行通畅传输，基本上没有间断和延时。通常线速路由器是高端路由器，具有非常高的端口带宽和数据转发能力，能以媒体速率转发数据包；中低端路由器一般均为非线速路由器，但是一些新的宽带接入路由器也具备线速转发能力。

4.1.2.5　路由器的性能指标

A　吞吐量

吞吐量是核心路由器的数据包转发能力。吞吐量与路由器的端口数量、端口速率、数据包长度、数据包类型、路由计算模式（分布或集中）以及测试方法有关。一般泛指处理器处理数据包的能力，高速路由器的数据包转发能力至少能够达到 20Mpps 以上。吞吐量包括整机吞吐量和端口吞吐量两个方面，整机吞吐量通常小于核心路由器所有端口吞吐量之和。

B　路由表能力

路由器通常依靠所建立及维护的路由表来决定包的转发。路由表能力是指路由表内所容纳路由表项数量的极限。由于在 Internet 上执行 BGP 协议的核心路由器通常拥有数十万条路由表项，所以该项目也是路由器能力的重要体现。一般而言，高速核心路由器应该能够支持至少 25 万条路由，平均每个目的地址至少提供两条路径，系统必须支持至少 25 个 BGP 对等以及至少 50 个 IGP 邻居。

C　背板能力

背板指的是输入与输出端口间的物理通路，背板能力通常是指路由器背板容量或者总线带宽能力，这个性能对于保证整个网络之间的连接速度是非常重要的。如果所连接的两个网络速率都较快，而由于路由器的带宽限制，这将直接影响整个网络之间的通信速度。所以一般来说如果是连接两个较大的网络，且网络流量较大，此时，就应格外注意一下路由器的背板容量；但如果是在小型企业网之间，一般来说这个参数就不太重要了，因为一般来说路由器在这方面都能满足小型企业网之间的通信带宽要求。

背板能力首先主要体现在路由器的吞吐量上，传统路由器通常采用共享背板，但是作为高性能路由器不可避免会遇到拥塞问题。其次也很难设计出高速的共享总线，所以现有高速核心路由器一般都采用可交换式背板的设计。

D　丢包率

丢包率是指核心路由器在稳定的持续负荷下，由于资源缺少而不能转发的数据包在应该转发的数据包中所占的比例。丢包率通常用作衡量路由器在超负荷工作时核心路由器的性能。丢包率与数据包长度以及包发送频率相关，在一些环境下，可以加上路由抖动或大量路由后进行测试模拟。

E　时延

时延是指数据包第一个比特进入路由器到最后一个比特从核心路由器输出的时间间隔。该时间间隔是存储转发方式工作的核心路由器的处理时间。时延与数据包的长度以及链路速率都有关系，通常是在路由器端口吞吐量范围内进行测试。时延对网络性能影响较大，作为高速路由器，在最差的情况下，要求对 1518 字节及以下的 IP 包时延必须小于1ms。

F　时延抖动

时延抖动是指时延变化。数据业务对时延抖动不敏感，所以该指标通常不作为衡量高速核心路由器的重要指标。当网络上需要传输语音、视频等数据量较大的业务时，该指标才有测试的必要性。

G　背靠背帧数

背靠背帧数是指以最小帧间隔发送最多数据包不引起丢包时的数据包数量。该指标用于测试核心路由器的缓存能力。具有线速全双工转发能力的核心路由器，该指标值无限大。

H　服务质量能力

服务质量能力包括队列管理控制机制和端口硬件队列数两项指标。队列管理控制机制是指路由器拥塞管理机制及其队列调度算法。常见的方法有 RED、WRED、WRR、DRR、WFQ、WF2Q 等。端口硬件队列数指的是路由器所支持的优先级是由端口硬件队列来保证的，而每个队列中的优先级又是由队列调度算法进行控制的。

I　网络管理能力

网络管理是指网络管理员通过网络管理程序对网络上资源进行集中化管理的操作，包括配置管理、计账管理、性能管理、差错管理和安全管理。设备所支持的网管程度体现设备的可管理性与可维护性，通常使用 SNMPv2 协议进行管理。网管力度指示路由器管理的精细程度，如管理到端口、到网段、到 IP 地址、到 MAC 地址等，管理力度可能会影响路由器的转发能力。

J　可靠性和可用性

路由器的可靠性和可用性主要是通过路由器本身的设备冗余程度、组件热插拔、无故障工作时间以及内部时钟精度等四项指标来提供保证的。

a　设备冗余程度

设备冗余可以包括接口冗余、插卡冗余、电源冗余、系统板冗余、时钟板冗余等。

b　组件热插拔

组件热插拔是路由器 24 小时不间断工作的保障。

c　无故障工作时间

无故障工作时间即路由器不间断可靠工作的时间长短，该指标可以通过主要器件的无故障工作时间计算或者大量相同设备的工作情况计算。

d　内部时钟精度

拥有 ATM 端口做电路仿真或者 POS 口的路由器互联通常需要同步，在使用内部时钟时，其精度会影响误码率。

4.1.2.6　网络设计的分层模型

大中型网络在设计的时候一般都会遵循网络设计的 3 层模型。它们分别是：

（1）核心层。

（2）分布层（有的地方也称为会聚层）。

（3）接入层。

每层的作用分别为：

（1）核心层：看名字就知道它是整个网络的核心，它的目的主要是用来快速的转发网络中的各种数据。一般情况下，核心的设备是由 3 层或者多层交换机组成的，核心层一般是不会做任何策略的，其功能就是尽可能快的转发数据。

（2）分布层：用来连接每个接入层，各种策略都是在分布层上来实现的。如：隔离接入层的广播流量以及提供数据的各种转发。

（3）接入层：顾名思义就是接入终端设备，接入层的主要目的是尽可能多的接入各种终端设备。接入层一般是由两层交换机来充当的。

需要注意的是这只是一个推荐的模型，并不是强制性的要求。只是按照这个模型来设计网络的话，整个网络的性能会更优化。当然也可以不按照这个模型来设计网络，甚至可将 3 层的功能都在一台设备上来实现，只是效果很差。

4.1.3　任务实施

4.1.3.1　网络硬件结构的设计与确定——拓扑结构图

网络拓扑结构，如图 4-10 所示。

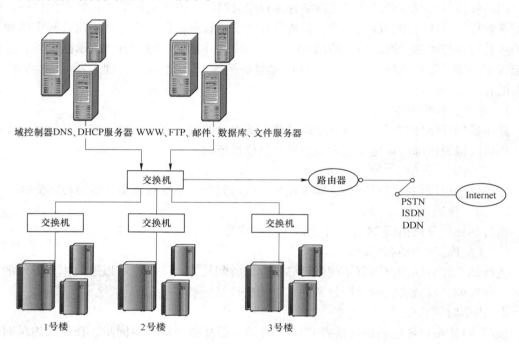

图 4-10　网络拓扑结构图

4.1.3.2　网络设备选型计算

A　交换机选型计算

a　线速交换（即全双工无阻塞交换）

要求其交换机的背板带宽要大于所有单端口容量×端口数量之和的 2 倍，才可以实现全双工无阻塞交换。

比如 Cisco 公司的 Catalyst 2950G-48，它有 48 个 100Mbit/s 端口和两个 1000Mbit/s 端口，它的背板带宽应该不小于 13.6Gbit/s，才能满足线速交换的要求。

计算如下：$(2 \times 1000 + 48 \times 100) \times 2 (\text{Mbit/s}) = 13.6 (\text{Gbit/s})$

b　满配置吞吐量

$$满配置吞吐量(\text{Mpps}) = 满配置\ \text{GE}\ 端口数 \times 1.488\text{Mpps}$$

其中 1 个千兆端口在包长为 64 bytes 时的理论吞吐量为 1.488Mpps。

例如：1 台最多能够提供 64 个千兆端口的交换机，其满配置吞吐量应达到 $64 \times 1.488\text{Mpps} = 95.2\text{Mpps}$，才能够确保在任何端口均在线速工作时，提供无阻塞的包交换。假如一台交换机最多能够提供 176 个千兆端口，而宣称的吞吐量为不到 261.8Mpps（$176 \times 1.488\text{Mpps} = 261.8\text{Mpps}$），那么用户有理由认为该交换机采用的是有阻塞的结构设计。

1. 488 的由来：包转发线速的衡量标准是以单位时间内发送 64 bytes 的数据包（最小包）的个数作为计算基准的。计算方法如下：一个数据包的实际长度为（64 + 8 + 12）bytes = 672 bit，说明：当以太网帧为 64 bytes 时，需考虑 8 bytes 的帧头和 12 bytes 的帧间隙的固定开销。故一个线速的千兆以太网端口在转发 64 bytes 包时的包转发率为 1.488095Mpps = 1000Mbit/s/672bit。快速以太网的线速端口包转发率正好为千兆以太网的十分之一，为 0.1488095Mpps = 100Mbit/s/672bit。

对于万兆以太网，一个线速端口的包转发率为 14.88Mpps；对于千兆以太网，一个线速端口的包转发率为 1.488Mpps；对于快速以太网，一个线速端口的包转发率为 0.1488Mpps。

B　路由器选型计算

WAN 的带宽及对应的广域网流量类型将决定所采用路由器的基本规格。

一般数据包大小：

语音平均为 280 字节：280 × 8 = 2240bits，IMIX 平均为 354 字节：354 × 8 = 2832bits，Internet 平均数据包大小为 576 字节：576 × 8 = 4608bits；

假设 10M Internet 带宽和 100M 广域网带宽，以最小数据包 672bits 来计算，则需要的包转性能为 110Mbps/672bits = 163.7kbps，也就是说只有包转发率比 163.7kbps 大的路由器就可以满足需求。接口类型的选择由广域网连接的类型决定。

C　设备选型表

设备选型参数见表4-1。

表 4-1　设备选型参数表

序号	公司	型　号	数量	规格与性能	用　途
1	Cisco	Catalyst 5505	2 台	Catalyst 5505 具有 5 个插槽，提供高达 3.6Gbps 的背板能力，支持高达 50 个 10/100M 高速背板交换链路或 192 个 10M 交换链路。以每秒数百万个信息包的传输速率。支持以太网、快速以太网、FDDI、ATM，支持虚网划分，支持 IEEE 802.1Q 虚网划分协议；冗余的交换机快速以太网上联端口提供冗余链路操作	核心层、会聚层交换机
2	Cisco	Catalyst 2828 系列	3 台	提高以太网工作组的性能，这些工作组需要面向服务器和主干网的 100BaseTX、100BaseFX、FDDI 或 ATM 连接；用于全双工 100BaseT 的 Collision Free 操作，提供 200 Mbps 带宽，并通过利用光纤电缆延长距离；基于 Web 的界面-Cisco Visual Switch Manager，简化了安装和管理；370 Mbps 的最大转发带宽和每秒 550000 个数据包的集合数据包转发速率（64 位数据包）	接入层交换机
3	Cisco	Cisco 2800 系列	1 台	高达多 T1/E1/xDSL 速率的线速性能，提高了安全、语音、缓存、视频、网络分析和 L2 交换的服务密度；支持增强接口（NME、HWIC、EVM 和 PVDM2）内置双快速以太网或千兆以太网端口；支持 90 多种现有和新增模块；提供可选的集成以太网供电（PoE）支持；安全联网；主板上基于硬件的 VPN 加速；病毒防御；入侵防御系统（IPS）	Internet 接入

4.1.4　知识扩展

4.1.4.1　网络存储技术简介

企业在利用网络进行日常办公管理和运作时，将产生日常办公文件、图纸文件、ERP等企业业务数据资料以及个人的许多文档资料。上述数据一般都存放在员工的电脑和服务器上，没有一个合适的设备作为其备份和存储的应用。由于个人电脑的安全级别很低，员工的安全意识参差不齐，重要资料很容易被窃取、恶意破坏或者由于硬盘故障而丢失。为合理解决数据业务资料备份和存储的问题，可以使用网络存储服务来存储和备份业务数据资料以及日常办公数据。

A　网络附着存储（Network Attached Storage，NAS）

即将存储设备通过标准的网络拓扑结构（例如以太网）连接到一群计算机上。NAS的原理是在局域网中安装存储服务器，通过存储管理系统自动将局域网中的客户端及服务器进行数据的存储备份，该过程会影响到局域网环境，但投入成本低廉，只需要购买存储服务器即可，是目前应用最广泛的存储方式，NAS是部件级的存储方法，它的重点在于帮助解决迅速增加存储容量的需求。

B　存储区域网络（SAN）

SAN（Storage Area Network）是一个集中式管理的高速存储网络，由存储系统、存储管理软件、应用程序服务器和网络硬件组成。它支持服务器与存储设备之间的直接高速数据传输，是独立于服务器网络系统之外的高速光纤存储网络。这种网络采用高速光纤通道作为传输体，将存储系统网络化，实现真正的高速共享存储。随着Internet和网络技术的飞速发展，现代信息系统的数据呈爆炸式增长，数据的安全性和作业的连续性较之硬件设备本身更加重要，高速数据访问和平滑简单的扩容要求日益迫切。以前的存储技术只是将存储设备作为服务器的一个附属设备，服务器之间的大容量数据交换只能依赖传统的网络，在速度、安全性、跨平台共享、无限扩容等方面都无法适应IT技术发展的要求。SAN技术就是在这种情况下应运而生的。其主要优势如下：

（1）基于千兆位的存储带宽，更适合大容量数据高速处理的要求。

（2）完善的存储网络管理机制，对所有存储设备，如磁盘阵列、磁带库等进行灵活管理及在线监测。

（3）将存储设备与主机的点对点的简单附属关系升华为全局多主机动态共享模式。

（4）数据的传输、复制、迁移、备份等在SAN网内高速进行，不需占用WAN/LAN的网络资源。

（5）灵活的平滑扩容能力，不论是服务器还是存储器都直接挂接。

SAN结构如图4-11所示。

4.1.4.2　云存储技术

云存储能提供什么样的服务取决于云存储架构的应用接口层中内嵌了什么类型的应用软件和服务。云存储分层模型如图4-12所示。

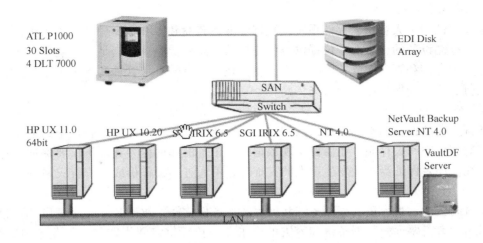

图 4-11　IP SAN 结构图

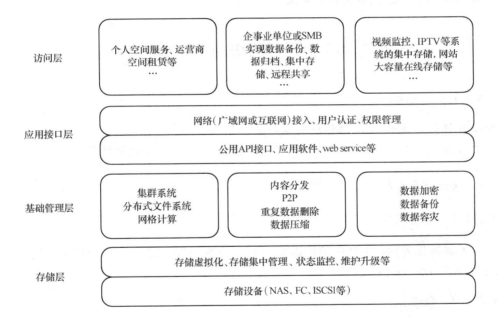

图 4-12　云存储分层模型

A　网络磁盘

网络磁盘是在线存储服务，使用者可通过 WEB 访问方式来上传和下载文件，实现个人重要数据的存储和网络化备份。

B　在线文档编辑

相比较传统的文档编辑软件，Google Docs 的出现将会使人们的使用方式和使用习惯发生巨大转变，今后将不再需要在个人 PC 上安装 office 等软件，只需要打开 Google Docs 网页，通过 Google Docs 就可以进行文档编辑和修改，并将编辑完成的文档保存在 Google Docs 服务所提供的个人存储空间中。

C　企业空间租赁服务

通过高性能、大容量云存储系统，数据业务运营商和 IDC 数据中心可以为无法单独购买大容量存储设备的企事业单位提供方便快捷的空间租赁服务，满足企事业单位不断增加的业务数据存储和管理服务，同时，大量专业技术人员的日常管理和维护可以保障云存储系统运行安全，确保数据不会丢失。

D　企业级远程数据备份和容灾

随着企业数据量的不断增加，数据的安全性要求也在不断增加。企业中的数据不仅要有足够的容量空间去存储，还需要实现数据的安全备份和远程容灾。不仅要保证本地数据的安全性，还要保证当本地发生重大的灾难时，可通过远程备份或远程容灾系统进行快速恢复。

通过高性能、大容量云存储系统和远程数据备份软件，数据业务运营商和 IDC 数据中心可以为所有需要远程数据备份和容灾的企事业单位提供空间租赁和备份业务租赁服务，普通的企事业单位、中小企业可租用 IDC 数据中心提供的空间服务和远程数据备份服务功能，可以建立自己的远程备份和容灾系统。

任务 4.2　逻辑网络与 IP 地址规划

【知识要点】

知识目标：掌握 IP 地址的作用及规划方法。

能力目标：通过学习，使其具备根据用户需求进行 IP 地址规划的能力。

4.2.1　任务描述与分析

4.2.1.1　任务描述

成都天昊科技公司从 ISP 中申请得到一个 C 类地址 200.210.95.0，需要为本单位的六个部门划分网络及分配 IP 地址。

4.2.1.2　任务分析

该单位有六个部门，需要划分出 6 个子网。首先需要为这 6 个子网分配子网地址，然后计算出本单位子网的子网掩码、各个子网中 IP 地址的分配范围、可用 IP 地址数量和广播地址。

4.2.2　相关知识

4.2.2.1　网络寻址

与邮政通信一样，网络通信也需要有对传输内容进行封装和注明接收者地址的操作。邮政通信的地址结构是有层次的，要分出城市名称、街道名称、门牌号码和收信人。网络通信中的地址也是有层次的，分为网络地址、物理地址和端口地址。网络地址说明目标主机在哪个网络上；物理地址说明目标网络中哪一台主机是数据包的目标主机；端口地址则指明目标主机中的哪个应用程序接收数据包。可以拿计算机网络地址结构与邮政通信的地址结构比较起来理解：网络地址想象为城市和街道的名称；物理地址则比喻成门牌号码；而端口地址则与同一个门牌下哪个人接收信件很相似。

标识目标主机在哪个网络的是 IP 地址。IP 地址用四个点分十进制数表示，如172.155.32.120。只是 IP 地址是个复合地址，完整地看是一台主机的地址。只看前半部分，表示网络地址。地址 172.155.32.120 表示一台主机的地址，172.155.0.0 则表示这台主机所在网络的网络地址。

IP 地址封装在数据包的 IP 报头中。IP 地址有两个用途：一个是网络的路由器设备使用 IP 地址确定目标网络地址，进而确定该向哪个端口转发报文。另外一个用途就是源主机用目标主机的 IP 地址来查询目标主机的物理地址。

物理地址封装在数据包的帧报头中。典型的物理地址是以太网中的 MAC 地址。MAC 地址在两个地方使用：主机中的网卡通过帧报头中的目标 MAC 地址判断网络送来的数据包是不是发给自己的；网络中的交换机使用通过帧报头中的目标 MAC 地址确定数据包该向哪个端口转发。其他物理地址的实例是帧中继网中的 DLCI 地址和 ISDN 中的 SPID。

端口地址封装在数据包的 TCP 报头或 UDP 报头中。端口地址是源主机告诉目标主机本数据包是发给对方的哪个应用程序的。如果 TCP 报头中的目标端口地址指明是 80，则表明数据是发给 WWW 服务程序；如果是 25130，则是发给对方主机的 CS 游戏程序的。

计算机网络是靠网络地址、物理地址和端口地址的联合寻址来完成数据传送的。

4.2.2.2　IP 地址及分类

IP 地址是一个四字节 32 位长的地址码。一个典型的 IP 地址为 200.1.25.7（以点分十进制表示）。

IP 地址可以用点分十进制数表示，也可以用二进制数来表示：

200.1.25.7

11001000 00000001 00011001 00000111

IP 地址被封装在数据包的 IP 报头中，供路由器在网间寻址的时候使用。

因此，网络中的每个主机，既有自己的 MAC 地址，也有自己的 IP 地址。MAC 地址用于网段内寻址，IP 地址则用于网段间寻址。MAC 与 IP 地址对应如图 4-13 所示。

IP 地址分为 A、B、C、D、E 共 5 类地址，其中前三类是经常涉及的 IP 地址。

分辨一个 IP 是哪类地址可以从其第一个字节来区别。如图 4-14 所示。

A 类地址的第一个字节在 1 到 126 之间，B 类地址的第一个字节在 128 到 191 之间，C类地址的第一个字节在 192 到 223 之间。例如 200.1.25.7，是一个 C 类 IP 地址。155.22.100.25 是一个 B 类 IP 地址。

A、B、C 类地址是常用来为主机分配的 IP 地址。D 类地址用于组播的地址标识。E 类地址是 Internet Engineering Task Force（IETF）组织保留的 IP 地址，用于该组织自己的研究。

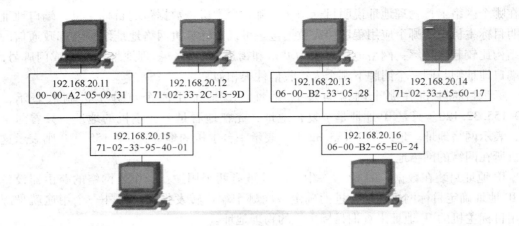

图 4-13 MAC 与 IP 地址对应图

IP address class	IP address range (First Octet Decimal Value)
Class A	1-126 (00000001-01111110) *
Class B	128-191 (10000000-10111111)
Class C	192-223 (11000000-11011111)
Class D	224-239 (11100000-11101111)
Class E	240-255 (11110000-11111111)

图 4-14 IP 地址的分类

一个 IP 地址分为两部分：网络地址码部分和主机码部分。A 类 IP 地址用第一个字节表示网络地址编码，低三个字节表示主机编码。B 类地址用第一、二两个字节表示网络地址编码，后两个字节表示主机编码。C 类地址用前三个字节表示网络地址编码，最后一个字节表示主机编码。IP 地址的网络地址码部分和主机码部分如图 4-15 所示。

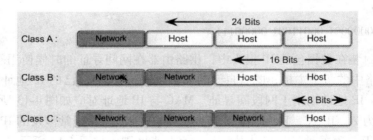

图 4-15 IP 地址的网络地址码部分和主机码部分

把一个主机的 IP 地址的主机码置为全 0 得到的地址码，就是这台主机所在网络的网络地址。例如 200.1.25.7 是一个 C 类 IP 地址。将其主机码部分（最后一个字节）置为全 0，200.1.25.7.0 就是 200.1.25.7 主机所在网络的网络地址。155.22.100.25 是一个 B 类

IP 地址。将其主机码部分（最后两个字节）置为全 0，155.22.0.0 就是 200.1.25.7 主机所在网络的网络地址。

图 4-13 中的 6 台主机都在 192.168.20.0 网络上。

MAC 地址是固化在网卡中的，由网卡的制造厂家随机生成。IP 地址是由 InterNIC（Network Information Center of Chantilly）分配的，它在美国 IP 地址注册机构（Internet Assigned Number Authority）的授权下操作。人们通常是从 ISP（互联网服务提供商）处购买 IP 地址，ISP 可以分配它所购买的一部分 IP 地址。

A 类地址通常分配给非常大型的网络，因为 A 类地址的主机位有三个字节的主机编码位，提供多达 1600 万个 IP 地址给主机（224-2）。也就是说 61.0.0.0 这个网络，可以容纳多达 1600 万个主机。全球一共只有 126 个 A 类网络地址，目前已经没有 A 类地址可以分配了。当使用 IE 浏览器查询一个国外网站的时候，留心观察左下方的地址栏，可以看到一些网站分配了 A 类 IP 地址。

B 类地址通常分配给大机构和大型企业，每个 B 类网络地址可提供 6 万 5 千多个 IP 主机地址（216-2）。全球一共有 16384 个 B 类网络地址。

C 类地址用于小型网络，大约有 200 万个 C 类地址。C 类地址只有一个字节用来表示这个网络中的主机，因此每个 C 类网络地址只能提供 254 个 IP 主机地址（28-2）。

人们可能注意到了，A 类地址第一个字节最大为 126，而 B 类地址的第一个字节最小为 128。第一个字节为 127 的 IP 地址，既不属于 A 类也不属于 B 类。第一个字节为 127 的 IP 地址实际上被保留用作回返测试，即主机把数据发送给自己。例如 127.0.0.1 是一个常用的用作回返测试的 IP 地址。

如图 4-16 所示有两类地址不能分配给主机：网络地址和广播地址。

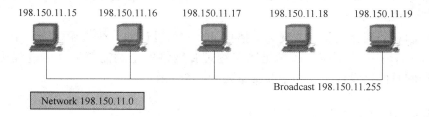

图 4-16　网络地址和广播地址

广播地址是主机码置为全 1 的 IP 地址。例如 198.150.11.255 是 198.150.11.0 网络中的广播地址。在图中的网络里，198.150.11.0 网络中的主机只能在 198.150.11.1 到 198.150.11.254 范围内分配，198.150.11.0 和 198.150.11.255 不能分配给主机。

有些 IP 地址不必从 IP 地址注册机构 IANA 处申请得到，这类地址的范围如图 4-17

Class	RFC 1918 internal address range
A	10.0.0.0 to 10.255.255.255
B	172.16.0.0 to 172.31.255.255
C	192.168.0.0 to 192.168.255.255

图 4-17　内部 IP 地址

所示。

RFC1918 文件分别在 A、B、C 类地址中指定了三块作为内部 IP 地址。这些内部 IP 地址可以随便在局域网中使用，但是不能用在互联网中。

IP 地址是在 20 世纪 80 年代开始由 TCP/IP 协议使用的。不幸的是 TCP/IP 协议的设计者没有预见到这个协议会如此广泛地在全球使用。20 年后的今天，4 个字节编码的 IP 地址不久就要被使用完了。

A 类和 B 类地址占了整个 IP 地址空间的 75%，却只能分配给 1 万 7 千个机构使用。只有占整个 IP 地址空间的 12.5% 的 C 类地址可以留给新的网络使用。

新的 IP 版本已经开发出来，被称为 IPv6。而旧的 IP 版本被称为 IPv4。IPv6 中的 IP 地址使用 16 个字节的地址编码，将可以提供 3.4×1038 个 IP 地址，拥有足够的地址空间迎接未来的商业需要。

4.2.2.3　子网掩码与子网划分

为了能区分一个 IP 地址的哪部分表示网络号，哪部分表示主机号，需要设计一种辅助编码，用来确定一个 IP 地址所属的网段，这个编码就是掩码。

一个子网的掩码是这样编排的:用 4 个字节的点分二进制数来表示时,其网络地址部分全置为 1,它的主机地址部分全置为 0。如上例的子网掩码为: 11111111. 11111111. 11111111. 11000000。

通过子网掩码，就可以知道网络地址位是 26 位，而主机地址的位数是 6 位。子网掩码在发布时并不是用点分二进制数来表示的，而是将点分二进制数表示的子网掩码翻译成与 IP 地址一样的用 4 个点分十进制数来表示。上面的子网掩码记作：255. 255. 255. 192。

为了控制和隔离介质访问冲突和广播报，在网络设计中，往往需要将一个大的网络进一步划分成一个个小的子网，以满足网络管理和网络安全的需要。这个过程称为子网划分。划分子网是网络设计与规划中非常重要的一个工作。

4.2.2.4　IP 地址与子网掩码的计算

在网络设计与实施中，可以通过 IP 地址和子网掩码与运算计算，来获取网络地址、广播地址、地址范围、有效主机数量。具体方法如下:

例 1：下面例子 IP 地址为 192. 168. 100. 5，子网掩码是 255. 255. 255. 0。算出网络地址、广播地址、地址范围、主机数。

分步骤计算:

（1）将 IP 地址和子网掩码换算为二进制，子网掩码连续全 1 的是网络地址，后面的是主机地址。虚线前为网络地址，虚线后为主机地址。

```
192. 168. 100. 5      11000000. 10101000. 01100100 ┊ 00000101
255. 255. 255. 0      11111111. 11111111. 11111111 ┊ 00000000
```

（2）IP 地址和子网掩码进行与运算，结果是网络地址。

|192.168.100.5|11000000.10101000.01100100.00000101|
|255.255.255.0|11111111.11111111.11111111.00000000|

与运算

结果为: 192.168.100.0   11000000.10101000.01100100.00000000

（3）将上面的网络地址中的网络地址部分不变，主机地址变为全 1，结果就是广播地址。

网络地址为: 192.168.100.0   11000000.10101000.01100100.00000000

将主机地址变为全 1
广播地址为: 192.168.100.255   11000000.10101000.01100100.11111111

（4）地址范围就是含在本网段内的所有主机。

网络地址 +1 即为第一个主机地址，广播地址 -1 即为最后一个主机地址，由此可以看出地址范围是：网络地址 +1 至 广播地址 -1。

本例的网络范围是：192.168.100.1 至 192.168.100.254。

也就是说下面的地址都是一个网段的。

192.168.100.1
192.168.100.2
192.168.100.20
192.168.100.111
192.168.100.254

（5）主机的数量。

主机的数量 $=2^N-2$，其中 N 表示主机部分的二进制位数。

减 2 是因为主机不包括网络地址和广播地址。本例二进制的主机位数是 8 位。

主机的数量 $=2^8-2=254$

总体计算：把上边的例子合起来计算一下过程如下：

|192.168.100.5|11000000.10101000.01100100.00000101|
|255.255.255.0|11111111.11111111.11111111.00000000|

与运算

结果为网络地址: 192.168.100.0   11000000.10101000.01100100.00000000

将结果中的网络地址部分不变   主机地址变为全 1
结果为广播地址: 192.168.100.255   11000000.10101000.01100100.11111111
主机的数量为: $2^8-2=254$
地址范围是: 网络地址   192.168.100.0   …   广播地址   192.168.100.255
主机的地址范围是: 网络地址 +1 192.168.100.1 …   广播地址 -1   192.168.100.254

例 2：IP 地址为 128.36.199.3，子网掩码是 255.255.240.0。算出网络地址、广播地址、地址范围、主机数。

（1）将 IP 地址和子网掩码换算为二进制，子网掩码连续全 1 的是网络地址，后面的是主机地址，虚线前为网络地址，虚线后为主机地址。

```
128. 36. 199. 3      10000000. 00100100. 1100 0111. 00000011
255. 255. 240. 0     11111111. 11111111. 1111 0000. 00000000
```

（2）IP 地址和子网掩码进行与运算，结果是网络地址。

```
128. 36. 199. 3      10000000. 00100100. 1100 0111. 00000011
255. 255. 240. 0     11111111. 11111111. 1111 0000. 00000000
```

与运算

结果为： 128. 36. 192. 0   10000000. 00100100. 1100 0000. 00000000

（3）将运算结果中的网络地址不变，主机地址变为 1，结果就是广播地址。

```
128. 36. 192. 0      10000000. 00100100. 1100 0000. 00000000
```

广播地址： 128. 36. 207. 255   10000000. 00100100. 1100 1111. 11111111

（4）地址范围就是含在本网段内的所有主机。

网络地址 +1 即为第一个主机地址，广播地址 -1 即为最后一个主机地址，由此可以看出地址范围是：网络地址 +1 至 广播地址 -1。

本例的网络范围是：128. 36. 192. 1 至 128. 36. 207. 254。

（5）主机的数量。

主机的数量 $=2^N-2$，其中 N 表示主机部分的二进制位数。

主机的数量 $=2^{12}-2=4094$

减 2 是因为主机不包括网络地址和广播地址。

从上面两个例子可以看出不管子网掩码是标准的还是特殊的，计算网络地址、广播地址、地址数时只要把地址换算成二进制，然后从子网掩码处分清楚连续 1 以前的是网络地址，后是主机地址进行相应计算即可。

4.2.3 任务实施

把 C 类地址 200. 210. 95. 0，划分成六个子网，计算出本单位子网的子网掩码、各个子网中 IP 地址的分配范围、可用 IP 地址数量和广播地址。

步骤 1：计算机需要挪用的主机位数的位数。

需要多少主机位需要试算。借 1 位主机位可以分配出 21 = 2 个子网地址；借 2 位主机位可以分配出 22 = 4 个子网地址；借 3 位主机位可以分配出 23 = 8 个子网地址。因此决定挪用 3 位主机位作为子网地址的编码。

步骤 2：用二进制数为各个子网编码。

子网 1 的地址编码：200. 210. 95. 00000000

子网 2 的地址编码：200. 210. 95. 00100000

子网 3 的地址编码：200. 210. 95. 01000000

子网 4 的地址编码：200. 210. 95. 01100000

子网 5 的地址编码：200.210.95.10000000

子网 6 的地址编码：200.210.95.10100000

步骤 3：将二进制数的子网地址编码转换为十进制数表示，成为能发布的子网地址。

子网 1 的子网地址：200.210.95.0

子网 2 的子网地址：200.210.95.32

子网 3 的子网地址：200.210.95.64

子网 4 的子网地址：200.210.95.96

子网 5 的子网地址：200.210.95.128

子网 6 的子网地址：200.210.95.160

步骤 4：计算出子网掩码。

先计算出二进制的子网掩码：11111111.11111111.11111111.11100000

（下划线的位是挪用的主机位）

转换为十进制表示，成为对外发布的子网掩码：255.255.255.224

步骤 5：计算出各个子网的广播 IP 地址。

先计算出二进制的子网广播地址，然后转换为十进制：200.210.95.00011111

子网 1 的广播 IP 地址：200.210.95.00011111/200.210.95.31

子网 2 的广播 IP 地址：200.210.95.00111111/200.210.95.63

子网 3 的广播 IP 地址：200.210.95.01011111/200.210.95.95

子网 4 的广播 IP 地址：200.210.95.01111111/200.210.95.127

子网 5 的广播 IP 地址：200.210.95.10011111/200.210.95.159

子网 6 的广播 IP 地址：200.210.95.10111111/200.210.95.191

实际上，简单地用下一个子网地址减 1，就得到本子网的广播地址。列出二进制的计算过程是为了让读者更好地理解广播地址是如何被编码的。

步骤 6：列出各个子网的 IP 地址范围。

子网 1 的 IP 地址分配范围：200.210.95.1 至 200.210.95.30

子网 2 的 IP 地址分配范围：200.210.95.33 至 200.210.95.62

子网 3 的 IP 地址分配范围：200.210.95.65 至 200.210.95.94

子网 4 的 IP 地址分配范围：200.210.95.97 至 200.210.95.126

子网 5 的 IP 地址分配范围：200.210.95.129 至 200.210.95.158

子网 6 的 IP 地址分配范围：200.210.95.161 至 200.210.95.190

步骤 7：计算出每个子网中的 IP 地址数量。

被挪用后主机位的位数为 5，能够为主机编址的数量为 $2^5-2=30$。

减 2 的目的是去掉子网地址和子网广播地址。

划分子网会损失主机 IP 地址的数量。这是因为需要拿出一部分地址来表示子网地址、子网广播地址。另外，连接各个子网的路由器的每个接口也需要额外的 IP 地址开销。但是，为了网络的性能和管理的需要，不得不损失这些 IP 地址。

4.2.4　知识拓展

ARP 协议：我们知道，主机在发送一个数据之前，需要为这个数据封装报头。在报头中，最重要的东西就是地址。在数据帧的三个报头中，需要封装进目标 MAC 地址、目标 IP 地址和目标 port 地址。

要发送数据，应用程序要么给出目标主机的 IP 地址，要么给出目标主机的主机名或域名，否则就无法指明数据该发送给谁了。

但是，如何给出目标主机的 MAC 地址，目标主机的 MAC 地址是一个随机数，且固化在对方主机的网卡上。事实上，应用程序在发送数据的时候，只知道目标主机的 IP 地址，无法知道目标主机的 MAC 地址。

ARP 协议的程序可以完成用目标主机的 IP 地址查到它的 MAC 地址的功能。

如图 4-18 所示，当主机 176.10.16.1 需要向主机 176.10.16.6 发送数据时，它的 ARP 程序就会发出 ARP 请求广播报文，询问网络中哪台主机是 176.10.16.6 主机，并请它应答自己的查寻。

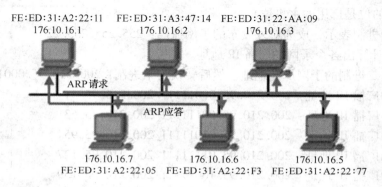

图 4-18　ARP 请求和 ARP 应答

网络中的所有主机都会收到这个查询请求广播，但是只有 176.10.16.6 主机会响应这个查询请求，向源主机发送 ARP 应答报文，把自己的 MAC 地址 FE：ED：31：A2：22：F3 传送给源主机。于是，源主机便得到了目标主机的 MAC 地址。

这时，源主机掌握了目标主机的 IP 地址和 MAC 地址，就可以封装数据包的 IP 报头和帧报头了。

为了下次再向主机 176.10.16.6 发送数据时不再向网络查询了，ARP 程序会将这次查询的结果保存起来。ARP 程序保存网络中其他主机 MAC 地址的表称为 ARP 表。

任务 4.3　学习交换机的配置

【知识要点】

知识目标：学习交换机的基本命令及方法。
　　　　　学习在交换机上进行 VLAN 划分与配置。
能力目标：通过学习后，具备在交换机上进行基本配置与 VLAN 配置的能力。

4.3.1　任务描述与分析

4.3.1.1　任务描述

成都天昊科技公司有六个部门，为了网络信息安全以及便于管理，需要在交换机进行配置，实现每一个部门一个 VLAN，各部门的成员在同一个 VLAN 中。

4.3.1.2　任务分析

根据任务描述，要学习交换机的基本配置方法以及在交换机上进行 VLAN 的划分。

4.3.2　相关知识

4.3.2.1　VLAN 技术

VLAN（Virtual Local Area Network）又称虚拟局域网，是指在交换局域网的基础上，采用网络管理软件构建的可跨越不同网段、不同网络的端到端的逻辑网络。一个 VLAN 组成一个逻辑子网，即一个逻辑广播域，它可以覆盖多个网络设备，允许处于不同地理位置的网络用户加入到一个逻辑子网中。VLAN 是一种比较新的技术，工作在 OSI 参考模型的第 2 层和第 3 层，VLAN 之间的通信是通过第 3 层的路由器来完成的。

在此先复习一下广播域的概念。广播域，指的是广播帧（目标 MAC 地址全部为 1）所能传递到的范围，亦即能够直接通信的范围。严格地说，并不仅仅是广播帧，多播帧（Multicast Frame）和目标不明的单播帧（Unknown Unicast Frame）也能在同一个广播域中畅行无阻。

本来二层交换机只能构建单一的广播域，不过使用 VLAN 功能后，它能够将网络分割成多个广播域。

那么为什么需要分割广播域呢？因为如果仅有一个广播域，有可能会影响到网络整体的传输性能。具体原因，如图 4-19 所示。

如图 4-19 所示，是一个由 5 台二层交换机（交换机 1~5）连接了大量客户机构成的网络。假设这时，计算机 A 需要与计算机 B 通信。在基于以太网的通信中，必须在数据帧中指定目标 MAC 地址才能正常通信，因此计算机 A 必须先广播“ARP 请求（ARP Request）信息”，来尝试获取计算机 B 的 MAC 地址。交换机 1 收到广播帧（ARP 请求）后，会将它转发给除接收端口外的其他所有端口，也就是 Flooding 了。接着，交换机 2 收到广播帧后也会 Flooding。交换机 3、4、5 也还会 Flooding。最终 ARP 请求会被转发到同一网络中的所有客户机上。

请大家注意一下，这个 ARP 请求原本是为了获得计算机 B 的 MAC 地址而发出的。也就是说只要计算机 B 能收到就万事大吉了。可是事实上，数据帧却传遍整个网络，导致所有的计算机都收到了它。如此一来，一方面广播信息消耗了网络整体的带宽；另一方面，收到广播信息的计算机还要消耗一部分 CPU 时间来对它进行处理。造成了网络带宽和 CPU 运算能力的大量无谓消耗。

广播信息真是那么频繁出现的吗？

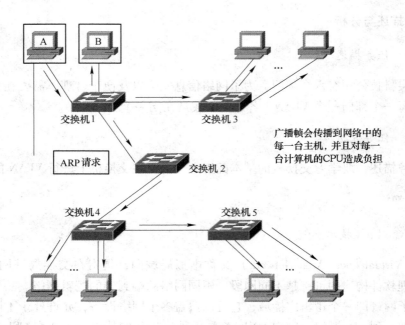

图 4-19　交换机工作示意图

　　答案是：是的！实际上广播帧会非常频繁地出现。利用 TCP/IP 协议栈通信时，除了前面出现的 ARP 外，还有可能需要发出 DHCP、RIP 等很多其他类型的广播信息。

　　ARP 广播，是在需要与其他主机通信时发出的。当客户机请求 DHCP 服务器分配 IP 地址时，就必须发出 DHCP 的广播。而使用 RIP 作为路由协议时，每隔 30s 路由器都会对邻近的其他路由器广播一次路由信息。RIP 以外的其他路由协议使用多播传输路由信息，这也会被交换机转发（Flooding）。除了 TCP/IP 以外，NetBEUI、IPX 和 Apple Talk 等协议也经常需要用到广播。例如在 Windows 下双击打开"网络计算机"时就会发出广播（多播）信息（Windows XP 除外）。

　　总之，广播就在人们身边。

　　下面是一些常见的广播通信：

　　（1）ARP 请求：建立 IP 地址和 MAC 地址的映射关系。

　　（2）RIP：选路信息协议（Routing Infromation Protocol）。

　　（3）DHCP：用于自动设定 IP 地址的协议。

　　（4）NetBEUI：Windows 下使用的网络协议。

　　（5）IPX：Novell Netware 使用的网络协议。

　　（6）Apple Talk：苹果公司的 Macintosh 计算机使用的网络协议。

A　VLAN 的实现机制

　　在理解了"为什么需要 VLAN"之后，接下来了解一下交换机是如何使用 VLAN 分割广播域的。首先，在一台未设置任何 VLAN 的二层交换机上，任何广播帧都会被转发给除接收端口外的所有其他端口（Flooding）。例如，计算机 A 发送广播信息后，会被转发给端口 2、3、4。如图 4-20 所示。

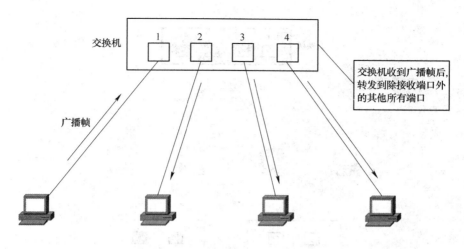

图 4-20　交换机转发广播帧

这时，如果在交换机上生成红、蓝两个 VLAN；同时设置端口 1、2 属于红色 VLAN，端口 3、4 属于蓝色 VLAN。再从 A 发出广播帧的话，交换机就只会把它转发给同属于一个 VLAN 的其他端口——也就是同属于红色 VLAN 的端口 2，不会再转发给属于蓝色 VLAN 的端口。

同样，C 发送广播信息时，只会转发给其他属于蓝色 VLAN 的端口，不会被转发给属于红色 VLAN 的端口。如图 4-21 所示。

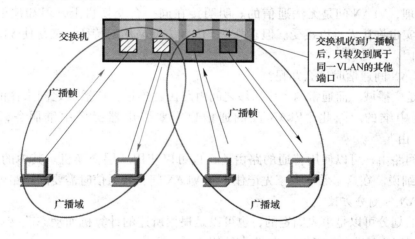

图 4-21　交换机的广播域

就这样，VLAN 通过限制广播帧转发的范围分割了广播域。图 4-21 为了便于说明，以红、蓝两色识别不同的 VLAN，在实际使用中则是用"VLAN ID"来区分的。

如果要更为直观地描述 VLAN 的话，可以把它理解为将一台交换机在逻辑上分割成了数台交换机。在一台交换机上生成红、蓝两个 VLAN，也可以看做是将一台交换机换做一红一蓝两台虚拟的交换机。VLAN 原理如图 4-22 所示。

在红、蓝两个 VLAN 之外生成新的 VLAN 时，可以想象成又添加了新的交换机。但

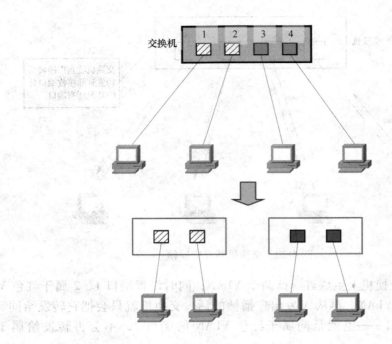

图 4-22　VLAN 原理

是，VLAN 生成的逻辑上的交换机是互不相通的。因此，在交换机上设置 VLAN 后，如果未做其他处理，VLAN 间是无法通信的。明明接在同一台交换机上，但却偏偏无法通信——这个事实也许让人难以接受。但它既是 VLAN 方便易用的特征，又是使 VLAN 令人难以理解的原因。

需要 VLAN 间通信时怎么办呢？

VLAN 是广播域。而通常两个广播域之间由路由器连接，广播域之间来往的数据包都是由路由器中继的。因此，VLAN 间的通信也需要路由器提供中继服务，这被称作"VLAN 间路由"。

VLAN 间路由，可以使用普通的路由器，也可以使用三层交换机。其中的具体内容，等有机会再细说。在这里希望大家先记住不同 VLAN 间互相通信时需要用到路由功能。

B　VLAN 的划分方法

VLAN 的划分可以是事先固定的，也可以是根据所连的计算机而动态改变设定。前者被称为"静态 VLAN"，后者被称为"动态 VLAN"了。

a　静态 VLAN

静态 VLAN 又被称为基于端口的 VLAN（Port Based VLAN）。顾名思义，就是明确指定各端口属于哪个 VLAN 的设定方法。交换机的 VLAN 划分如图 4-23 所示。

由于需要一个个端口地指定，因此当网络中的计算机数目超过一定数字（比如数百台）后，设定操作就会变得繁杂无比。并且，客户机每次变更所连端口，都必须同时更改该端口所属 VLAN 的设定——这显然不适合那些需要频繁改变拓扑结构的网络。现在所实现的 VLAN 配置都是基于端口的配置，因为只是支持二层交换，端口数目有限一般为 4 和

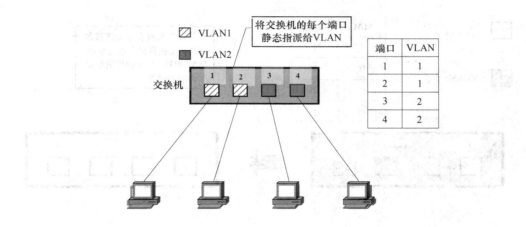

图 4-23　交换机的 VLAN 划分

8 个端口，并且只是对于一台交换机的配置，手动配置换算较为方便。

b　动态 VLAN

另一方面，动态 VLAN 则是根据每个端口所连的计算机，随时改变端口所属的 VLAN。这就可以避免上述的更改设定之类的操作。动态 VLAN 可以大致分为 3 类：

（1）基于 MAC 地址的 VLAN（MAC Based VLAN）。

（2）基于子网的 VLAN（Subnet Based VLAN）。

（3）基于用户的 VLAN（User Based VLAN）。

其间的差异，主要在于根据 OSI 参照模型哪一层的信息决定端口所属的 VLAN。基于 MAC 地址的 VLAN，就是通过查询并记录端口所连计算机上网卡的 MAC 地址来决定端口的所属。假定有一个 MAC 地址"A"被交换机设定为属于 VLAN10，那么不论 MAC 地址为"A"的这台计算机连在交换机哪个端口，该端口都会被划分到 VLAN10 中去。计算机连在端口 1 时，端口 1 属于 VLAN10；而计算机连在端口 2 时，则是端口 2 属于 VLAN10。

由于是基于 MAC 地址决定所属 VLAN 的，因此可以理解为这是一种在 OSI 的第二层设定访问链接的办法。

但是，基于 MAC 地址的 VLAN，在设定时必须调查所连接的所有计算机的 MAC 地址并加以登录。而且如果计算机交换了网卡，还是需要更改设定。如图 4-24 所示。

基于子网的 VLAN，则是通过所连计算机的 IP 地址，来决定端口所属 VLAN 的。不像基于 MAC 地址的 VLAN，即使计算机因为交换了网卡或是其他原因导致 MAC 地址改变，只要它的 IP 地址不变，就仍可以加入原先设定的 VLAN。如图 4-25 所示。

因此，与基于 MAC 地址的 VLAN 相比，基于子网的 VLAN 能够更为简便地改变网络结构。IP 地址是 OSI 参照模型中第三层的信息，所以可以理解为基于子网的 VLAN 是一种在 OSI 的第三层设定访问链接的方法。一般路由器与三层交换机都使用基于子网的方法划分 VLAN。

基于用户的 VLAN，则是根据交换机各端口所连的计算机上当前登录的用户，来决定该端口属于哪个 VLAN。这里的用户识别信息，一般是计算机操作系统登录的用户，比如可以是 Windows 域中使用的用户名。这些用户名信息，属于 OSI 第四层以上的信息。

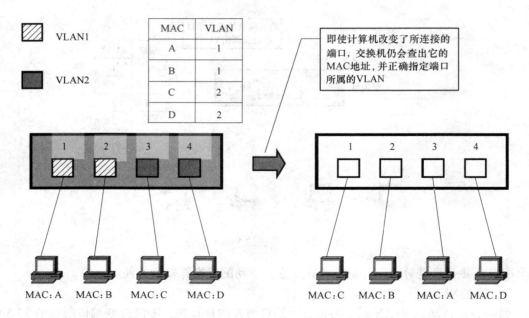

图 4-24　交换机间的 VLAN 通信

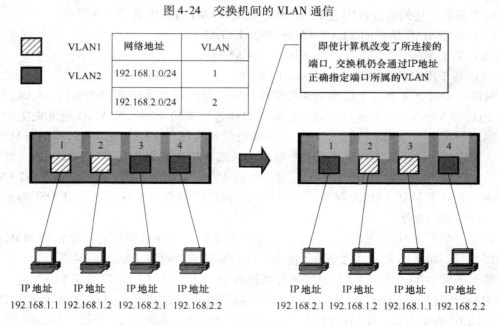

图 4-25　交换机间的 VLAN 通信

　　总的来说，决定端口所属 VLAN 时利用的信息在 OSI 中的层面越高，就越适于构建灵活多变的网络。
　　c　访问链接的总结
　　综上所述，VLAN 的划分有静态 VLAN 和动态 VLAN 两种，其中动态 VLAN 又可以继续细分成几个小类。

其中基于子网的 VLAN 和基于用户的 VLAN 有可能是网络设备厂商使用独有的协议实现的，不同厂商的设备之间互联有可能出现兼容性问题；因此在选择交换机时，一定要注意事先确认。静态 VLAN 和动态 VLAN 的相关信息，见表 4-2。

表 4-2 静态 VLAN 和动态 VLAN 的相关信息

种　　类		解　　说
静态 VLAN（基于端口的 VLAN）		将交换机的各端口固定指派给 VLAN
动态 VLAN	基于 MAC 地址的 VLAN	根据各端口所连计算机的 MAC 地址设定
	基于子网的 VLAN	根据各端口所连计算机的 IP 地址设定
	基于用户的 VLAN	根据端口所连计算机上登录用户设定

就目前来说，对于 VLAN 的划分主要采取上述基于端口的 VLAN 和基于子网的 VLAN 两种，而基于 MAC 地址和基于用户的 VLAN 一般作为辅助性配置使用。

4.3.2.2 交换机的基本配置

实验设备和连接图如图 4-26 所示，一台锐捷 S2126G/S3550 交换机连接 1 台 PC 机，交换机命名为 Switch。

图 4-26 实验设备和连接图

步骤 1：按照如图 4-26 所示连接好设备。

步骤 2：在交换机上配置 IP 地址。键入下述命令：

switch > enable	！从用户模式进入特权模式
switch # configure terminal	！从特权模式进入全局配置模式
switch（config）# hostname SwitchA	！设置交换机名称为"SwitchA"
SwitchA（config）#	

步骤 3：为交换机分配管理 IP 地址。

SwitchA（config）# interface vlan 1	！进入交换机管理接口配置模式
SwitchA（config-if）# ip address 192.168.0.141	！配置交换机的 IP 地址
255.255.255.0	
SwitchA（config-if）# no shutdown	！启用端口

说明：为 VLAN 1 的管理接口分配 IP 地址（表示通过 VLAN 1 来管理交换机），设置交换机的 IP 地址为 192.168.0.141，对应的子网掩码为 255.255.255.0。

实验结果如图 4-27 所示。

验证交换机的配置：

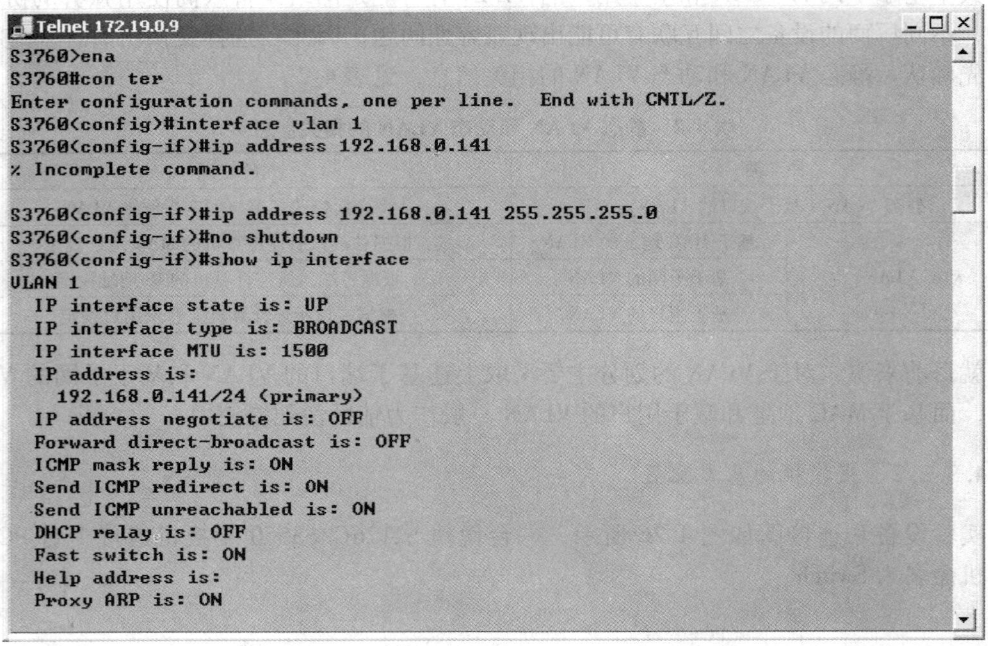

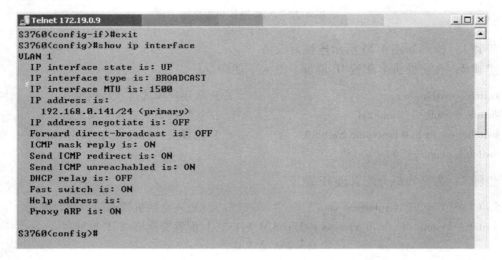

图 4-27 实验结果截图

SwitchA # show ip interface　　　! 验证交换机 IP 地址已经配置，管理端口已经开启

实验结果如图 4-28 所示。

图 4-28 实验结果截图

步骤 4：在超级终端或 Telnet 方式下，显示交换机 MAC 地址表的记录。

SwitchA # show mac-address-table

记录所看到的 MAC 地址，见表 4-3。实验结果如图 4-29 所示。

表 4-3 交换机 MAC 地址表记录

VLAN	MAC Address	Type	Interface
1	00b0. c4c3. 07fd	DYNAMIC	FastEthernet 0/1

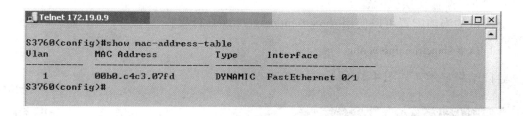

图 4-29 实验结果截图

对比 PC 机的 MAC 地址，PC 的 MAC 地址可以在命令行下输入：ipconfig /all 查看。结合所学到的知识，说明交换机工作的基本原理（学习—过滤—转发）：

（1）交换机根据收到数据帧中的源 MAC 地址建立该地址同交换机端口的映射，并将其写入 MAC 地址表中。

（2）交换机将数据帧中的目的 MAC 地址同已建立的 MAC 地址表进行比较，以决定由哪个端口进行转发。

（3）如数据帧中的目的 MAC 地址不在 MAC 地址表中，则向所有端口转发。这一过程称为泛洪（flood）。

（4）广播帧和组播帧向所有的端口转发。

步骤 5：修改交换机 MAC 地址的老化时间。

SwitchA（config）# mac-address-table aging-time 10

将交换机 MAC 地址老化时间设置为 10s，默认为 300s。

说明：S3550/3760 设置 aging-time 范围 10 ~ 1000000，S2126/S2150G 的为 300 ~ 1000000。

SwitchA（config）# end   ！从交换机全局配置模式返回至特权模式
SwitchA # show mac-address-table   ！显示交换机 MAC 地址表的记录

实验结果如图 4-30 所示，请分析 aging-time 的功能以及交换机 MAC 地址表为什么要设置 aging-time。

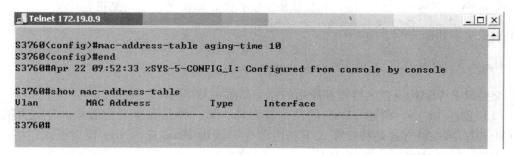

图 4-30 实验结果截图

结果及分析：在 aging-time 时间内和时间外分别执行 show mac-address-table，在 10s 内执行时，显示不出其 MAC 地址，所以 aging-time 的作用是测量其刷新时间，当超过规定刷新时间，就将地址表清空，所以显示不出来，但这样可以避免地址表太过庞大，浪费空间。

步骤 6：保存交换机配置。

交换机的当前配置可以使用 show running-configure 查看：

SwitchA # show running-config

验证结果显示，如图 4-31 所示。

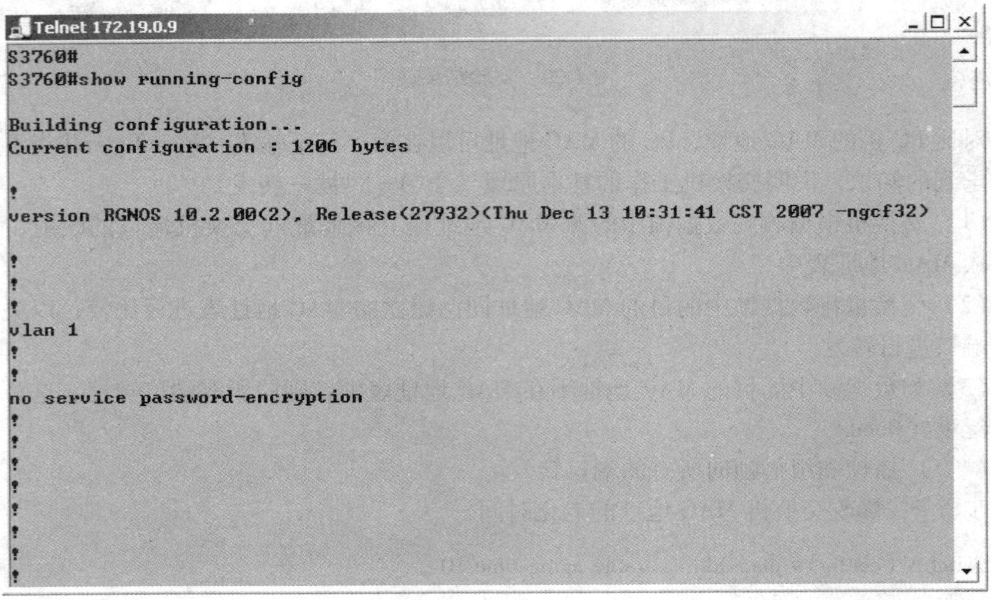

图 4-31　实验结果截图

步骤 7：在交换机特权模式下，分别执行下列检测命令：

show interface fastethernet 0/1 　　! 该命令查看接口设置和统计信息
show ip interface 　　! 该命令显示三层 IP 接口的各个属性
show running-config 　　! 该命令显示当前的全部配置信息
show mac-address-table 　　! 该命令显示设备 MAC 地址表（交换表）

实验结果如图 4-32 所示。

4.3.2.3　交换机进行 VLAN 配置

交换机上 VLAN 设置的过程和所用的命令如图 4-33 所示。

（1）创建 VLAN。创建 VLAN 的命令有两种：第一种是在全局配置模式下使用命令 vlan vlanid；第二种方式是特权模式下利用命令 vlan database 进入 vlan 设置模式，然后用 vlan vlanid name vlanname 创建 vlan。

（2）把端口划分给 VLAN。使用的命令是：在端口配置模式下，首先使用命令 switch-

```
Telnet 172.19.0.9                                        _ |□| ×|
S3760#
S3760#show interface fastethernet 0/1
Index(dec):1 (hex):1
FastEthernet 0/1 is UP  , line protocol is UP
Hardware is marvell FastEthernet
Interface address is: no ip address
  MTU 1500 bytes, BW 100000 Kbit
  Encapsulation protocol is Bridge, loopback not set
  Keepalive interval is 10 sec , set
  Carrier delay is 2 sec
  RXload is 1 ,Txload is 1
  Queueing strategy: WFQ
  Switchport attributes:
    interface's description:""
    medium-type is copper
    lastchange time:112 Day: 9 Hour:22 Minute: 3 Second
    Priority is 0
    admin duplex mode is AUTO, oper duplex is Full
    admin speed is AUTO, oper speed is 100M
    flow control admin status is OFF,flow control oper status is ON
    broadcast Storm Control is OFF,multicast Storm Control is OFF,unicast Storm
Control is OFF
```

图 4-32　实验结果截图

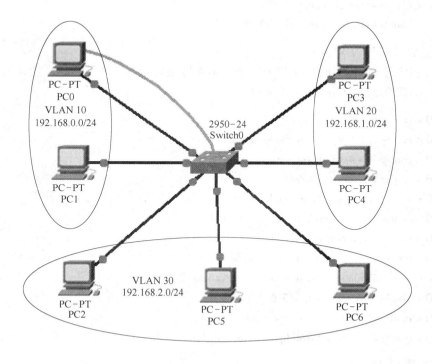

图 4-33　VLAN 划分示意图

port mode access 将端口的模式设置为 access 模式，然后用命令 switchport access vlan vlanid，将该端口划分到某个 VLAN 中。

（3）为 VLAN 配置 IP 地址。

用命令 int vlan vlanid 进入到 vlan 的 IP 地址配置模式。用命令 ip address x. x. x. x. x. x. x 为该 vlan 配置 IP 地址。

（4）VLAN 的删除命令。

将端口从 VLAN 中删除：首先进入到端口配置模式，然后用命令 no switchport mode access vlan vlanid，将该端口从指定的 VLAN 中删除。

删除 VLAN：首先用命令 vlan database 进入到 vlan 设置模式，然后用 no vlan vlanid，将指定的 VLAN 进行删除。

4.3.3　任务实施

（1）按照实验拓扑的要求，建立实验环境。并验证主机之间的连通性。

（2）创建 VLAN。

使用第一种方式创建 VLAN10：

命令如下：Switch0 < config >#vlan 10

使用第二种方式创建 VLAN20、VLAN30。

命令如下：

Switch0#vlan database

Switch0 < vlan >#vlan 20 name vlan20

Switch0 < vlan >#vlan 30 name vlan30

（3）把端口划分为 VLAN。

把 1 号和 7 号端口划分为 VLAN10，把 2～4 号端口划分为 VLAN20，把 5 号和 6 号端口划分为 VLAN30。命令如下：

Switch0 < config >#interface fa0/1

Switch0 < config-if >#switchport mode access

Switch0 < config-if >#switchport　access vlan 10

Switch0 < config >#interface fa0/7

Switch0 < config-if >#switchport mode access

Switch0 < config-if >#switchport　access vlan 10

Switch0 < config >#interface fa0/2-4

Switch0 < config-if-range >#switchport mode access

Switch0 < config-if-range >#switchport　access vlan 20

Switch0 < config >#interface fa0/5-6

Switch0 < config-if-range >#switchport mode access

Switch0 < config-if-range >#switchport　access vlan 30

（4）查看 VLAN 的信息。

1）在特权模式下输入"show vlan"，显示交换机 VLAN 的信息。

2）输入"show vlan brief"，显示 vlan 的信息，并且和第一条命令显示的结果进行比较。

3）在特权模式下输入"show vlan id n"查看 VLAN 的信息。

4）输入"show vlan name vlanname"查看指定 VLAN 的信息。

（5）为 VLAN 配置 IP 地址。

1）为 VLAN10 配置 IP 地址 192.168.2.1，为 VLAN20 配置 IP 地址 192.168.3.1，为 VLAN30 配置 IP 地址 192.168.4.1。命令如下：

Switch0 < config > #interface vlan 10

Switch0 < vlan > #IP address 192.168.2.1 255.255.255.0

Switch0 < config > #interface vlan 20

Switch0 < vlan > #IP address 192.168.3.1 255.255.255.0

Switch0 < config > #interface vlan 30

Switch0 < vlan > #IP address 192.168.4.1 255.255.255.0

2）用 ping 命令测试主机之间的连通性。

（6）删除 VLAN 的配置。

1）将端口 7 从 VLAN10 中删除。命令如下：

Switch0 < config > #interface fa0/7

Switch0 < config-if > #no switchport mode access

Switch0 < config-if > #no switchport　access vlan 10

2）删除 VLAN30。

Switch0 < config > #no vlan 30

3）显示该交换机的 VLAN 信息。命令如下：

Switch0#show vlan

4.3.4　知识拓展

4.3.4.1　VLAN 访问链接模式

下面介绍 VLAN 的几个重要概念：

（1）PVID：Port VLAN ID。指端口的缺省 VLAN ID。Hybrid 端口和 Trunk 端口属于多个 VLAN，所以需要设置缺省 VLAN ID。缺省情况下，Hybrid 端口和 Trunk 端口的缺省 VLAN 为 VLAN 1。PVID 主要有两个作用：第一是对于接收到的 Untag 包则添加本端口的 PVID 再进行转发；第二是接收过滤作用，比如只接收等于 PVID 的 VLAN TAG 包。

（2）VLAN ID。VLAN TAG 包的 VLAN ID 号，有效范围是 1～4094。0 和 4095 都为协议保留值，VLAN ID 0 表示不属于任何 VLAN，但携带 802.1Q 的优先级标签，所以一般被称为 Priority-only frame，其一般作为系统使用，用户不可使用和删除。1 为系统默认 VLAN，即 Native VLAN，2～1001 是普通的 VLAN，1006～1024 是保留仅系统使用，用户不能查看和使用，1002～1005 是支持 fddi 和令牌环的 VLAN，1025～4095 是扩展的 VLAN。Cisco 的专有协议 isl，相比之下它仅支持的 VLAN 数目比较少，仅为 1～1005。

（3）VLAN 表：配置 VLAN 的信息表，表示交换机的各个端口所属于的 VLAN ID。当交换机进行交换数据时则查看该表进行业务转发。VLAN 表的容量一般支持 1 ~ 32 个 VLAN ID。其快速以太网组网结构见表4-4。

表4-4　VLAN ID 与端口对照表

VLAN ID	端口号	VLAN ID	端口号
1	1	2	3
1	2	2	4

（4）UNTAG 包：指不携带 802.1Q 信息的普通以太网包。

（5）TAG 包：指携带 4 个字节 802.1Q 信息的 VLAN 以太网包。

（6）Priority-only 包：指 VLAN ID 为 0，优先级为 0 ~ 7 的以太网包。一般用于要求高优先级的重要报文使用，当端口发生拥塞时使其能够优先转发。

（7）VLAN 间路由：指 VLAN 间能够互相通信，一般是由路由器和三层交换机实现 VLAN 间互通，通过 IP 网段来实现 VLAN 间的互通。当能使 VLAN 间路由后，则 ARP 广播包，多播包以及单播包都能够在 VLAN 间互相通信。

对于 UNTAG 包、TAG 包以及 Priority-only 包的处理过程在下面将一一介绍。

交换机的端口类型可以分为以下三种：

1）访问链接（Access Link）。

2）汇聚链接（Trunk Link）。

3）混合链接（Hybrid Link）。

端口模式主要是指在输入输出端口对 VLAN 数据包的处理。即在输入端口是 Admit All Frames 还是 Admit Only VLAN Tagged Frames，是 Only frames that share a VID assigned to this bridge port are admitted 还是 All frames are forwarded；在输出端口输出数据包类型是 tagged frames 还是 untagged frames。不同的端口模式对数据包的处理不同，下面介绍各个端口模式：

（1）Access 端口：Access 即用户接入端口，该类型端口只能属于 1 个 VLAN，一般用于连接计算机的端口。收端口收到 untagged frames，加上端口的 PVID 和 default priority 再进行交换转发；对于 tagged frames，不论 VID = PVID 还是 VID≒PVID，有的厂家是直接丢弃，而有的厂家是能够接收 VID = PVID 的 TAG 包。一般 Access 端口只接收 untagged frames，部分产品可能接收 tagged frames，REOP、ES011、E4114 等都接收 VID = PVID 的 TAG 端口包。

（2）发报文：对于 VID = PVID 的 tagged frames 去除标签并进行转发。对于 VID≒ PVID 的数据包丢弃不进行转发，untagged frames 则无此情况。而 REOP、ES011、E4114 则对于 VID = PVID 或 VID≒PVID 的 tagged frames 都进行转发处理。

注：所说的删除标签是指删除 4 个字节的 VLAN 标签，并且 CRC 经过重新计算。

（3）Trunk 端口：当需要设置跨越多台交换机的 VLAN 时则需要设置 Trunk 功能。

在规划企业级网络时，很有可能会遇到隶属于同一部门的用户分散在同一座建筑物中的不同楼层的情况，这时可能就需要考虑到如何跨越多台交换机设置 VLAN 的问题了。假设有如图 4-34、图 4-35 所示的网络，且需要将不同楼层的 A、C 和 B、D 设置为同一个 VLAN。

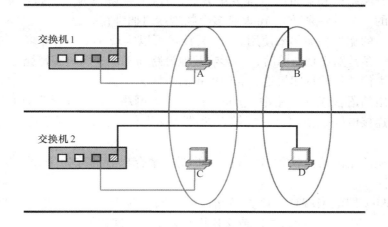

图 4-34　多台交换机 VLAN 划分（一）

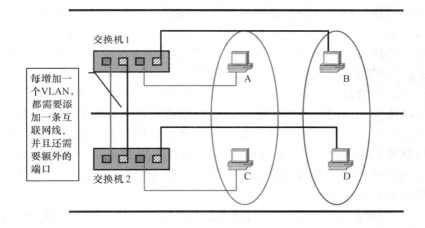

图 4-35　多台交换机 VLAN 划分（二）

　　这时最关键的就是交换机 1 和交换机 2 的连接问题。最简单的方法，就是在交换机 1 和交换机 2 上各设一个红、蓝 VLAN 专用的接口并互联了。

　　但是，这个办法从扩展性和管理效率来看都不好。例如，在现有网络基础上再新建 VLAN 时，为了让这个 VLAN 能够互通，就需要在交换机间连接新的网线。建筑物楼层间的纵向布线是比较麻烦的，一般不能由基层管理人员随意进行。并且，VLAN 越多，楼层间（严格地说是交换机间）互联所需的端口也越来越多。交换机端口的利用效率低是对资源的一种浪费，也限制了网络的扩展。为了避免这种低效率的连接方式，人们想办法让交换机间互联的网线集中到一根上，这时使用的就是汇聚链接（Trunk Link）。

　　何谓汇聚链接？

　　技术领域中把 Trunk 翻译为中文是"主干、干线、中继线、长途线"，不过一般不翻译，直接用原文，而且这个词在不同场合也有不同的解释。

　　在网络的分层结构和宽带的合理分配方面，Trunk 被解释为"端口汇聚"，是带宽扩展和链路备份的一个重要途径。Trunk 把多个物理端口捆绑在一起当做一个逻辑端口使用，可以把多组端口的宽带叠加起来使用。Trunk 技术可以实现 Trunk 内部多条链路互为备份的功能，即当一条链路出现故障时，不影响其他链路的工作，同时多链路之间还能实现流量均衡，就像人们熟悉的打印机池和 MODEM 池一样。

　　在电信网络的语音级的线路中，Trunk 指"主干网络、电话干线"，即两个交换局或交换机之间的连接电路或信道，它能够在两端之间进行转接，并提供必要的信令和终端设备。

　　但在最普遍的路由与交换领域，VLAN 的端口聚合也有的称为 Trunk，不过大多数都称为 Trunking。

　　所谓 Trunking 即汇聚端口，该类型端口可以属于多个 VLAN，可以接收和发送多个 VLAN 的报文，一般用于交换机之间或交换机与路由器之间连接的端口。

　　汇聚链路上流通的数据帧，都被附加了用于识别分属于哪个 VLAN 的特殊信息。

　　现在再回过头来考虑一下刚才那个网络如果采用汇聚链路又会如何，用户只需要简单地将交换机间互联的端口设定为汇聚链接就可以了。这时使用的网线还是普通的 UTP 线，而不是什么其他的特殊布线。图中是交换机间互联，因此需要用交叉线来连接。接下来，具体看看汇聚链接是如何实现跨越交换机间的 VLAN 的。如图 4-36 所示，A 发送的数据帧从交换机 1 经过汇聚链路到达交换机 2 时，在数据帧上附加了表示属于粗线 VLAN 的标记。交换机 2 收到数据帧后，经过检查 VLAN 标识发现这个数据帧是属于粗线 VLAN 的，因此去除标记后根据需要将复原的数据帧只转发给其他属于粗线 VLAN 的端口。这时的转送，是指经过确认目标 MAC 地址并与 MAC 地址列表比对后只转发给目标 MAC 地址所连的端口。只有当数据帧是一个广播帧、多播帧或是目标不明的帧时，它才会被转发到所有属于粗线 VLAN 的端口。细线 VLAN 发送数据帧时的情形也与此相同。

　　通过汇聚链路时附加的 VLAN 识别信息，有可能支持标准的"IEEE 802.1Q"协议，也可能是 Cisco 产品独有的"ISL（Inter Switch Link）"。如果交换机支持这些规格，那么用户就能够高效率地构筑横跨多台交换机的 VLAN。

　　另外，汇聚链路上流通着多个 VLAN 的数据，自然负载较重。因此，在设定汇聚链接时，有一个前提就是必须支持100Mbps 以上的传输速度。

　　默认条件下，汇聚链接会转发交换机上存在的所有 VLAN 的数据。换一个角度看，可以认为汇聚链接（端口）同时属于交换机上所有的 VLAN。由于实际应用中很可能并不需要转发所有 VLAN 的数据，因此为了减轻交换机的负载，也为了减少对带宽的浪费，可以通过用户设定限制能够经由汇聚链路互联的 VLAN。

　　另外由于 Trunk 端口属于多个 VLAN，所以需要设置缺省 VLAN ID 即 PVID（port vlan ID）。缺省情况下，Trunk 端口的 PVID 为 VLAN 1。如果设置了端口的 PVID，当端口接收到不带 VLAN Tag 的报文后，则加上端口的 PVID 并将报文转发到属于缺省 VLAN 的端口；当端口发送带有 VLAN Tag 的报文时，如果该报文的 VLAN ID 与端口缺省的 VLAN ID 相同，则系统将去掉报文的 VLAN Tag，然后再发送该报文。

　　下面是 Trunk 的输入输出端口对数据包的处理。

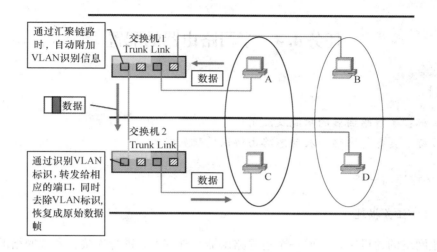

图 4-36　VLAN 的汇聚链路

接收端口：同时都能够接收 VID = PVID 和 VID ≒ PVID 的 tagged frame，不改变 TAG；对于 untaged frame 则加上端口的 PVID 和 default priority 再进行交换转发，对于 priority only tagged frame 则添加 PVID 再进行转发。

发送端口：对于 VID = PVID 的 TAG 包则去掉 VIDTAG 再进行转发。对于 VID ≒ PVID 的 TAG 包则转发不修改 TAG，对于 UNTAG 包则无此情况。

Hybrid 端口：Hybrid 即混合端口模式，该类型的端口可以属于多个 VLAN，可以接收和发送多个 VLAN 的报文，可以用于交换机之间连接，交换机与路由器之间，也可以用于交换机与用户计算机的连接。

下面是 Hybrid 的输入输出端口对数据包的处理。

接收端口：同时都能够接收 VID = PVID 和 VID ≒ PVID 的 tagged frame，不改变 TAG；对于 untaged frame 则加上端口的 PVID 和 default priority 再进行交换转发，对于 priority only tagged frame 则添加 PVID 再进行转发。

发送端口：（1）判断该 VLAN 在本端口的属性（disp interface 即可看到该端口对哪些 VLAN 是 untag，哪些 VLAN 是 tag）。（2）如果输入为 untag 包则在输出端口剥离 VLAN 信息，再发送，如果是 tag 则直接发送。

Hybrid 端口和 Trunk 端口的区别：Hybrid 端口和 Trunk 端口的不同之处在于 Hybrid 端口可以允许多个 VLAN 的报文发送时不打标签，而 Trunk 端口只允许缺省 VLAN 的报文发送时不打标签。

Access 端口只属于 1 个 VLAN，所以它的缺省 VLAN 就是它所在的 VLAN，不用设置；Hybrid 端口和 Trunk 端口属于多个 VLAN，所以需要设置缺省 VLAN ID。缺省情况下，Hybrid 端口和 Trunk 端口的缺省 VLAN 为 VLAN 1。如果设置了端口的缺省 VLAN ID，当端口接收到不带 VLAN Tag 的报文后，则将报文转发到属于缺省 VLAN 的端口；当端口发送带有 VLAN Tag 的报文时，如果该报文的 VLAN ID 与端口缺省的 VLAN ID 相同，则系统将去掉报文的 VLAN Tag，然后再发送该报文。

任务4.4　学习路由器的配置

【知识要点】

知识目标：了解路由器的功能及应用。

能力目标：具备静态路由及动态路由协议的配置能力。

4.4.1　任务描述与分析

4.4.1.1　任务描述

在企业网络的建设中，需要一个边界路由器与外部 ISP 进行连接，实现网络的 Internet 访问及对外网络服务的架构。网络拓扑结构经过简化后，如图4-37所示。

图4-37　简化的网络拓扑结构图

4.4.1.2　任务分析

实现 R1 路由器与 R2 路由器的连接方式采用唯一的串口连接，需要配置路由器的串口通信协议。

4.4.2　相关知识

4.4.2.1　路由器的配置方式

路由器的配置方式，如图4-38所示。

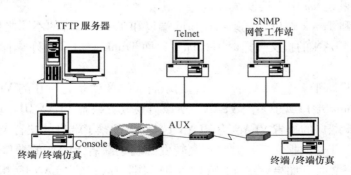

图4-38　路由器的配置方式

（1）超级终端方式。该方式主要用于路由器的初始配置，路由器不需要 IP 地址。基本方法是：计算机通过 COM1/COM2 口和路由器的 Console 口连接，在计算机上启用"超级终端"程序，设置"波特率：9600 ，数据位：8，停止位：1，奇偶校验：无，校验：无"即可。

（2）Telnet 方式。该方式配置要求路由器必须配置了 IP 地址。基本方法是：计算机通过网卡和路由器的以太网接口相连，计算机的网卡和路由器的以太网接口的 IP 地址必须在同一网段。

（3）其他方式。AUX 口接 MODEM，通过电话线与远方运行终端仿真软件的微机；通过 Ethernet 上的 TFTP 服务器；通过 Ethernet 上的 SNMP 网管工作站。

4.4.2.2　路由器的工作模式

在命令行状态下，主要有以下几种工作模式：

（1）一般用户模式。主要用于查看路由器的基本信息，只能执行少数命令，不能对路由器进行配置。提示符为：Router >；进入方式为：Telnet 或 Console。

（2）使能（特权）模式。主要用于查看、测试、检查路由器或网络，不能对接口、路由协议进行配置。提示符为：Router#；进入方式为：Router > enable。

（3）全局配置模式。主要用于配置路由器的全局性参数。提示符为：Router(config)#；进入方式为：Router#config ter。

（4）全局模式下的子模式。包括：接口、路由协议、线路等。其进入方式和提示符如下：

```
Router( config)#interface e0     //进入接口模式
Router( config-if)#              //接口模式提示符
Router( config)#rip              //进入路由协议模式
Router( config-router)#          //路由协议模式
Router( config)#line con 0       //进入线路模式
Router( config-line)#            //线路模式提示符
```

4.4.2.3　常用命令

（1）"?"、"Tab"的使用。

键入"?"得到系统的帮助；"Tab"补充命令。

（2）改变命令状态，见表 4-5。

表 4-5　改变命令状态

任　务	命　令
进入特权命令状态	enable
进入全局设置状态	config terminal
退出一层命令	exit（Ctrl + C 退到根）
进入端口设置状态	interface type slot/number
进入线路设置状态	line type slot/number

（3）网络命令，见表4-6。

表4-6　网络命令

任　务	命　令
登录远程主机	telnet hostname ∣ IP address
网络侦测	ping hostname ∣ IP address
路由跟踪	traceroute hostname ∣ IP address

（4）基本设置命令，见表4-7。

表4-7　基本设置命令

任　务	命　令
全局设置	config terminal
设置访问用户及密码	username *username* password *password*
设置特权密码	enable secret password
设置路由器名	hostname name
设置静态路由	ip route destination subnet-mask next-hop
启动 IP 路由	ip routing
端口设置	interface type slot/number
设置 IP 地址	ip address *address* subnet-mask
激活/关闭端口	no shutdown/shutdown
物理线路设置	line type number
启动登录进程	login [local ∣ tacacs server]
设置登录密码	password *password*

Router # config　ter　//进入全局配置模式
Router(config)# hostname　cisco2621　//命名为"cisco2621"

1）enable 口令（特权用户）。

Router(config)#enable password xlx1618　//配置 enable 口令为"xlx1618"，明文显示
Router(config)#enable secret xu1618　//配置 enable 加密口令为"xu1618"，密文显示

2）console 口口令。

Router(config)#line console 0　//进入 console 口
Router(config-line)# password cisco　//配置 console 口口令为"cisco"
Router(config-line)# login　//口令检查

3）Telnet 口令。

如果要使用 Telnet 来登录网络中的路由器进行管理与配置，必须配置 Telnet 口令。路由器一般支持最多16(5)个 Telnet 用户。Line vty 0 15(0 4)建立 telnet 会话访问时使用的密码保护。

① 16 个 Telnet 用户口令相同。

Router(config)#line vty 0 15　//进入 vty 0 15

Router(config-line) # password cisco　//口令为"cisco"

Router(config-line) # login　//口令检查

② 以太网的基本配置。

Router(config)#interface fastEthernet 0/0

Router(config-if)#ip add 20.0.0.1 255.0.0.0　//配置 IP 地址

接口的关闭和开启

Router(config-if)#shutdown　//关闭接口

Router(config-if)#no shutdown　//开启接口

4.4.3　实施过程

4.4.3.1　为网络中的以太网链路布线

（1）使用直通以太网电缆将 R1 路由器的 FastEthernet 0/0 接口连接到 S1 交换机的 FastEthernet 0/1 接口。

（2）使用直通以太网电缆将 PC1 的网络接口卡（网卡）连接到 S1 交换机的 FastEthernet 0/24 接口。

（3）使用交叉以太网电缆将 R2 路由器的 FastEthernet 0/0 接口连接到 PC2 的网卡。因为 PC2 和 R2 路由器之间没有交换机，所以需要使用交叉电缆来直接连接 PC 和路由器。

（4）将 NULL 串行电缆的 DCE 端接到 R1 路由器的 S0/0/0 接口，DTE 端接到 R2 路由器的 S0/0/0 接口。

4.4.3.2　清除配置并重新加载路由器

（1）使用建立的超级终端会话，进入 R1 的特权执行模式。

Router > enable

（2）清除配置。

要清除配置，请使用 erase startup-config 命令。当出现提示时请予以确认，并在询问是否保存更改时回答 no。结果应该类似如下所示：

Router#erase startup-config

Erasing the nvram filesystem will remove all files! Continue? [confirm]

[OK]

Erase of nvram:complete

（3）重新加载配置。

当返回提示符状态时，使用 reload 命令。当出现提示时请予以确认。路由器完成启动过程后，选择不使用 AutoInstall 功能，如下所示：

Would you like to enter the initial configuration dialog? [yes/no]:no

Would you like to terminate autoinstall? [yes]:

Press Enter to accept default.

Press RETURN to get started!

（4）建立到路由器 R2 的 HyperTerminal 会话。

重复步骤（1）~（3），清除任何可能存在的启动配置文件。

4.4.3.3 对路由器 R1 进行基本配置

（1）将路由器名称配置为 R1。

Router(config)#hostname R1

（2）配置执行模式口令。

使用 enable secret password 命令配置执行模式口令。使用 class 替换 password。

R1(config)#enable secret class

（3）使用 banner motd 命令配置当天消息标语。

R1(config)#banner motd & 标语 &

（4）在路由器上配置控制台口令。

使用 123 作为口令。配置完成后，退出线路配置模式。

R1(config)#line console 0

R1(config-line)#password 123

R1(config-line)#login

R1(config-line)#exit

（5）为虚拟终端线路配置口令。

使用 123 作为口令。配置完成后，退出线路配置模式。

R1(config)#line vty 0 4

R1(config-line)#password 123

R1(config-line)#login

R1(config-line)#exit

（6）使用 IP 地址 192.168.1.1/24 配置 FastEthernet 0/0 接口。

R1(config)#interface fastethernet 0/0

R1(config-if)#ip address 192.168.1.1 255.255.255.0

R1(config-if)#no shutdown

% LINK-5-CHANGED：Interface FastEthernet0/0, changed state to up

% LINEPROTO-5-UPDOWN：Line protocol on Interface FastEthernet0/0, changed state to up

（7）使用 description 命令为此接口设定描述。

R1(config-if)#description R1 LAN

（8）使用 IP 地址 192.168.2.1/24 配置 Serial0/0/0 接口。

将时钟频率设置为 64000。

注意：因为实验中使用的路由器没有连接到真实的租用线路，所以需要其中一台路由器为线路提供时钟信号。通常情况下，这应该由服务提供商来提供。为了在实验中提供这种时钟信号，需要使用其中一台路由器作为连接的 DCE。通过在连接 Null 调制解调器电缆 DCE 端的 serial 0/0/0 接口上执行 clock rate 64000 命令即可实现此功能。

R1(config-if)#interface serial 0/0/0

R1(config-if)#ip address 192. 168. 2. 1 255. 255. 255. 0

R1(config-if)#clock rate 64000

R1(config-if)#no shutdown

（9）使用 description 命令为此接口设定描述。

R1(config-if)#description Link to R2

（10）使用 end 命令返回特权执行模式。

R1(config-if)#end

R1#

（11）保存 R1 配置。

使用 copy running-config startup-config 命令保存 R1 配置。

R1#copy running-config startup-config

Building configuration. . .

[OK]

4.4.3.4 对路由器 R2 进行基本配置

（1）重复路由器 R1 配置中的步骤(1)~(5)。

（2）使用 IP 地址 192.168.2.2/24 配置 Serial 0/0/0 接口。

R2(config)#interface serial 0/0/0

R2(config-if)#ip address 192. 168. 2. 2 255. 255. 255. 0

R2(config-if)#no shutdown

（3）使用 description 命令为此接口设定描述。

R1(config-if)#description Link to R1

（4）使用 IP 地址 192.168.3.1/24 配置 FastEthernet 0/0 接口。

（5）使用 description 命令为此接口设定描述。

R1(config-if)#description R2 LAN

（6）使用 end 命令返回特权执行模式。

R2(config-if)#end

（7）保存 R2 配置。

R2#copy running-config startup-config

4.4.3.5　配置主机 PC 上的 IP 地址

（1）使用 IP 地址 192.168.1.10/24 和默认网关 192.168.1.1 配置连接到 R1 的主机 PC1。

（2）使用 IP 地址 192.168.3.10/24 和默认网关 192.168.3.1 配置连接到 R2 的主机 PC2。

4.4.3.6　测试连通性

（1）从每台主机 Ping 其默认网关。

（2）测试路由器 R1 和 R2 之间的连通性。在路由器 R1 上，使用 ping 192.168.2.2 命令，在路由器 R2 上，使用 ping 192.168.2.1 命令。

（3）以上的测试都应该成功，否则按照以下步骤检查：

1）检查布线。路由器是否连接妥当？是否所有相关端口的链路指示灯都在闪烁？

2）检查路由器配置。其配置是否与拓扑图一致？是否在链路的 DCE 端配置了 clock rate？

3）使用 show ip interface brief 命令检查路由器接口。是否所有接口都为 "up" 和 "up"？

4.4.4　知识拓展

通过图 4-39 来解释路由器的工作原理。

图 4-39 中有三个子网，由两个路由器连接起来。三个 C 类地址子网分别是 200.4.1.0、200.4.2.0 和 200.4.3.0。

从图中可以看见，路由器的各个端口也需要有 IP 地址和主机地址。路由器的端口连接在哪个子网上，其 IP 地址就应属于该子网。例如路由器 A 两个端口的 IP 地址 200.4.1.1、200.4.2.53 分别属于子网 200.4.1.0 和子网 200.4.2.0。路由器 B 的两个端口的 IP 地址 200.4.2.34、200.4.3.115 分别属于子网 200.4.2.0 和子网 200.4.3.0。

每个路由器中有一个路由表，主要由网络地址、转发端口、下一跳路由器的 IP 地址和跳数组成。它们的定义为：

（1）网络地址：本路由器能够前往的网络。

（2）端口：前往某网络该从哪个端口转发。

（3）下一跳：前往某网络，下一跳的中继路由器的 IP 地址。

（4）跳数：前往某网络需要穿越几个路由器。

下面来看一个需要穿越路由器的数据包是如何被传输的。

如果主机 200.4.1.7 要将报文发送到本网段上的其他主机的话，源主机通过 ARP 程序可获得目标主机的 MAC 地址，由链路层程序为报文封装帧报头，然后发送出去。

当 200.4.1.7 主机要把报文发向 200.4.3.0 子网上的 200.4.3.71 主机时，源主机在自己机器的 ARP 表中查不到对方的 MAC，则发 ARP 广播请求 200.4.3.71 主机应答，以获得

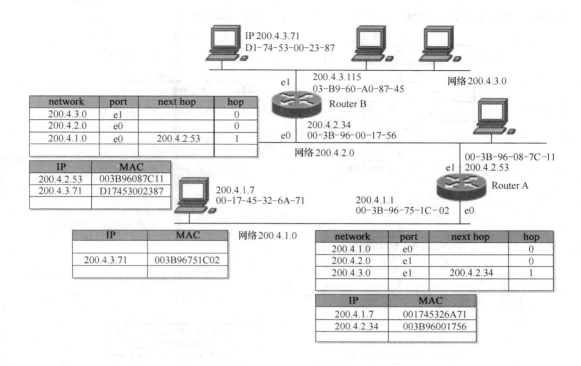

图 4-39　路由器工作原理

它的 MAC 地址。但是，这个查询 200.4.3.71 主机 MAC 地址的广播被路由器 A 隔离了，因为路由器不转发广播报文。所以，200.4.1.7 主机是无法直接与其他子网上的主机直接通信。

路由器 A 会分析这条 ARP 请求广播中的目标 IP 地址。经过掩码运算，得到目标网络的网络地址是 200.4.3.0。路由器查路由表，得知自己能提供到达目的网络的路由，便向源主机发 ARP 应答。

请注意 200.4.1.7 主机的 ARP 表中，200.4.3.71 是与路由器 A 的 MAC 地址 00-3B-96-75-1C-02 捆绑在一起，而不是真正的目标主机 200.4.3.71 的 MAC 地址。事实上，200.4.1.7 主机并不需要关心是否是真实的目标主机的 MAC 地址，现在它只需要将报文发向路由器。

路由器 A 收到这个数据包后，将拆除帧报头，从里面的 IP 报头中取出目标 IP 地址。然后，路由器 A 将目标 IP 地址 200.4.3.71 同子网掩码 255.255.255.0 做"与"运算，得到目标网络地址是 200.4.3.0。下面，路由器将查路由表（见图 4-39 路由器 A 的路由表），得知该数据包需要从自己的 e1 端口转发出去，且下一跳路由器的 IP 地址是 200.4.2.34。

路由器 A 需要重新封装在下一个子网的新数据帧。通过 ARP 表，取得下一跳路由器 200.4.2.34 的 MAC 地址。封装好新的数据帧后，路由器 A 将数据通过 e1 端口发给路由器 B。

现在，路由器 B 收到了路由器 A 转发过来的数据帧。在路由器 B 中发生的操作与在路由器 A 中的完全一样。只是，路由器 B 通过路由表得知目标主机与自己是直接相连接的，而不需要下一跳路由了。在这里，数据包的帧报头将最终封装上目标主机 200.4.3.71

的 MAC 地址发往目标主机。路由器的工作流程,如图 4-40 所示。

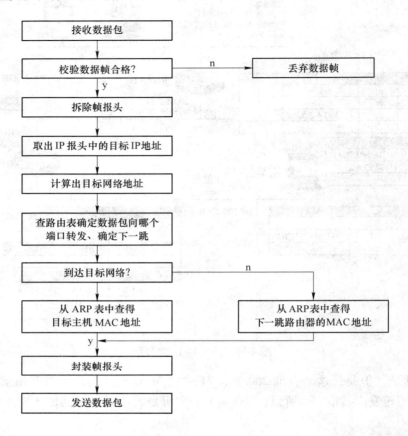

图 4-40　路由器的工作流程

通过上面的例子了解了路由器是如何转发数据包,将报文转发到目标网络的。路由器使用路由表将报文转发给目标主机,或交给下一级路由器转发。总之,发往其他网络的报文将通过路由器,传送给目标主机。

情境 5   INTERNET 应用

任务 5.1   设置 IE 浏览器

【知识要点】

知识目标：了解 IE 浏览器的功能；掌握 IE 浏览器参数的含义。

能力目标：掌握在 Windows 7 下 IE8.0 浏览器的基本使用方法和基本参数设置。

5.1.1   任务描述与分析

5.1.1.1   任务描述

用户设置浏览器参数，使其能够更加便利、高效、安全的访问 WWW 资源。

5.1.1.2   任务分析

对 IE8.0 浏览器进行个性化设置；历史记录设置；安全级别设置。

5.1.2   相关知识

5.1.2.1   WWW 与浏览器简介

WWW 是 World Wide Web（环球信息网）的缩写，也称为 Web、WWW、W3，中文译为万维网。1991 年，WWW 初次出现在 Internet 上，由于 WWW 能够有效的传递信息并且界面非常友好、使用极为方便，因此受到用户的热烈欢迎。现在，WWW 服务器成为 Internet 上最大的计算机群。

用户在使用 WWW 时通常要通过一个专门的客户服务程序，这个程序称为浏览器。最早的浏览器软件是美国国家超级计算中心（NCSA）开发的 Mosaic，美国网景公司的 Netscape 也曾风靡一时，目前微软在 Windows 操作系统中都内置了 IE 浏览器，IE 原称 Microsoft Internet Explorer（6 版本及以前）和 Windows Internet Explorer（7 ~ 10 版本），在微软 Windows 操作系统中用户不需要额外安装程序即可从 Web 服务器上搜索需要的信息、浏览 Web 网页、收发电子邮件、上传网页等。

5.1.2.2   网页、网页文件和网站

网页是 WWW 的基本文档，是网站的基本信息单位。它由文字、图片、动画、声音等多种媒体信息以及链接组成，是用 HTML 编写的，通过链接实现与其他网页或网站的关联

和跳转。

　　网站由众多不同内容的网页构成，网页的内容可体现网站的全部功能。通常把进入网站首先看到的网页称为首页或主页（homepage）。例如，新浪、网易、搜狐就是国内比较知名的大型门户网站。

　　网页文件是用 HTML（标准通用标记语言下的一个应用）编写的，可在 WWW 上传输，能被浏览器识别显示的文本文件。其扩展名一般为 . htm 和 . html。用户利用浏览器浏览网页的过程就是不断从网站上下载网页文件到本地计算机，并通过浏览器对其内容进行识别显示的过程。

5.1.2.3　HTTP 和 FTP 协议

　　HTTP 是 Hypertext Transfer Protocol 的缩写，即超文本传输协议。HTTP 提供了访问超文本信息（例如网页）的功能，是 WWW 浏览器和 WWW 服务器之间的应用层通信协议。WWW 使用 HTTP 协议传输各种超文本页面和数据。

　　HTTP 协议会话过程包括 4 个步骤：

　　（1）建立连接：客户端的浏览器向服务端发出建立连接的请求，服务端给出响应就可以建立连接了。

　　（2）发送请求：客户端按照协议的要求通过连接向服务端发送自己的请求。

　　（3）给出应答：服务端按照客户端的要求给出应答，把结果（HTML 文件）返回给客户端。

　　（4）关闭连接：客户端接到应答后关闭连接。

　　FTP 是 File Transfer Protocol 的缩写，即文件传输协议，FTP 是 Internet 中用于访问远程机器的一个协议，它使用户可以在本地机和远程机之间进行有关文件的操作。FTP 协议允许传输任意文件并且允许文件具有所有权与访问权限。也就是说，通过 FTP 协议，可以与 Internet 上的 FTP 服务器进行文件的上传或下载等动作。

5.1.2.4　统一资源定位器（URL）

　　URL（Uniform Resource Locator）是进入 Internet 后查阅 WWW 信息的有效途径，是指明资源地址的手段。用于在 Internet 中按统一方式来指明和定位一个 WWW 信息资源的地址，即 WWW 是按每个资源文件的 URL 来检索和定位的。

　　每个网页都有自己不同的 URL 地址，每个 URL 地址由所使用的传输协议、域名（或 IP 地址）、端口号、文件路径和文件名几部分组成。协议可以是超文本传输协议 HTTP、文件传输协议 FTP 等，具体协议视 WWW 资源类型而定，协议后面必须紧跟一个"："和两个"/"。

　　例 1：利用 http 协议与 www. scemi. com 主机的 80 端口建立连接，并获取主机/news/schools 路径下的 edu019. htm 网页文件。其 URL 描述为：

http：//www. scemi. com：80/news/schools/edu019. htm

　　■　传输协议：http

　　■　域名（或 IP）：www. scemi. com

■　端口号：80
■　路径：/news/schools
■　文件名：edu019.htm

IE 浏览器在使用 URL 时，传输协议部分可省略（缺省值为 http 协议），端口号部分可省略（http 协议下缺省值为 80，ftp 协议下缺省值为 21，端口值范围：0-65535），域名（或 IP）部分不能省略，文件路径和文件名部分可省略。例如 IE 浏览器会将 URL 内容为 www.scemi.com 解释为 http://www.scemi.com：80，因此如果用户在 IE 浏览器使用非默认协议或非缺省端口（例如 ftp 或 https 等），则必须在 UR 传输协议部分确定具体协议。

例 2：https://edu.scemi.com：7443/zfca/login

例 3：ftp://ftp.scemi.com

例 4：www.sohu.com

5.1.3　任务实施

5.1.3.1　启动 IE8.0

Windows 7 内置 IE 浏览器为 IE8.0，启动 IE8.0 的方法是单击 Windows 7 开始菜单，选择 Internet Explorer 启动 IE 浏览器，如图 5-1 所示。IE8.0 首次启动界面如图 5-2 所示。

IE8.0 界面内主要由各个功能栏（地址栏、菜单栏、收藏夹栏、命令栏、状态栏）和网页内容（网页浏览区）组成，如图 5-2 所示。

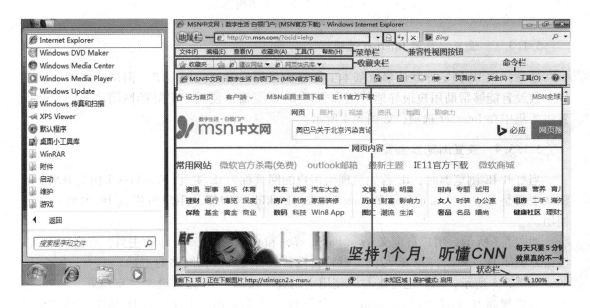

图 5-1　启动 IE　　　　　　　　　　　　　图 5-2　IE 界面布局

5.1.3.2　修改 IE8.0 界面布局

如图 5-3 所示，用户在功能栏上点击鼠标右键自定义界面功能栏组成。

图 5-3　自定义 IE 界面

5.1.3.3　设置浏览器 Internet 选项

通常微软 IE 浏览器默认参数基本上能够满足用户常规应用需求，但用户掌握一些常规参数设置能够帮助用户很好地使用和管理 IE 浏览器，使其有更好的网络体验。参数设置主要集中在 Internet 选项，如图 5-4 所示。

5.1.3.4　设置浏览器主页

当打开 IE 浏览器时，IE 首先呈现给用户的网页称为 IE 主页，Windows 7 内置 IE8.0 的默认主页是 http：//go. microsoft. com/fwlink/？LinkId = 69157。用户可修改 IE 主页以方便使用。

如图 5-5 所示，用户自定义 www. baidu. com 和 www. sohu. com 作为主页，点击"确认"按钮并关闭 IE，重新打开 IE 后浏览器将自动装入百度和搜狐网站的主页。

如图 5-6 所示，用户也可点击"使用空白页"按钮将 IE 主页设为"空白页"（"空白页"可以提高 IE 启动速度），点击"确认"按钮并关闭 IE，重新打开 IE 后浏览器将显示"空白页"。

5.1.3.5　选项卡浏览设置

IE8.0 处理除了支持传统的多窗口网页功能以外，还新增了选项卡浏览功能，即在一

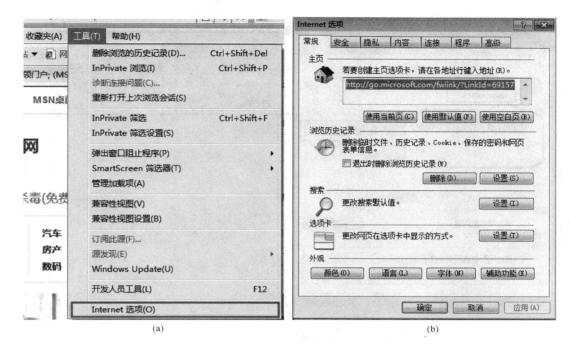

图 5-4 Internet 选项

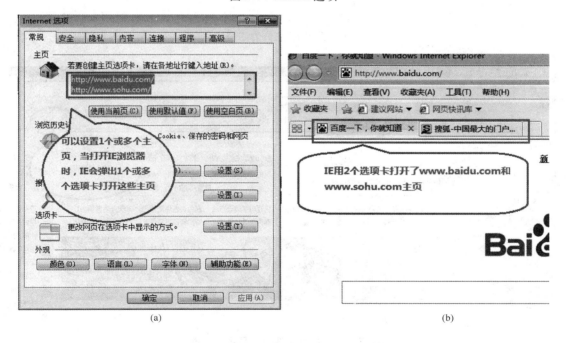

图 5-5 设置百度和搜狐作为 IE 主页

个窗口中,通过选项卡形式显示多个网页。

如图 5-7 所示,新增 4 个候选卡,分别打开 www.baidu.com, www.sohu.com, www.sina.com.cn 和 www.163.com 网站主页。

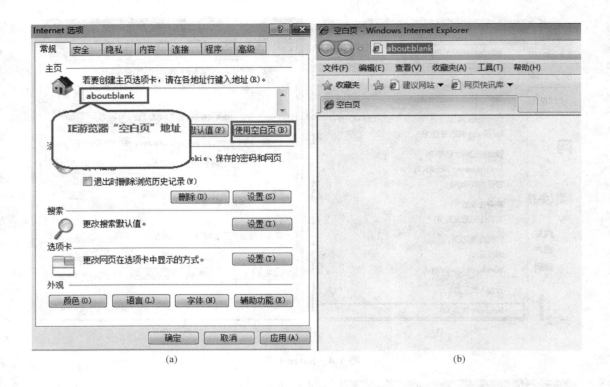

图 5-6　设置 IE 主页为"空白页"

图 5-7　单窗口利用选项卡显示多个网页

　　如图 5-8 所示,在"选项卡浏览设置"中关闭选项卡浏览功能,点击"确认"按钮并重启浏览器,会发现浏览器窗口中没有了选项卡,这时打开新网页可利用"新建会话"菜单选项新建窗口,并在新窗口中分别打开 www.baidu.com, www.sohu.com, www.sina.

com. cn 和 www. 163. com 网站主页。

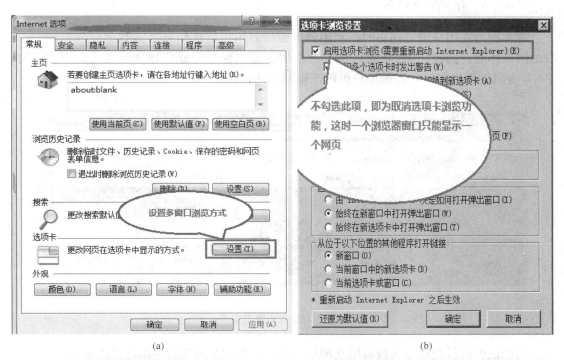

(a)   (b)

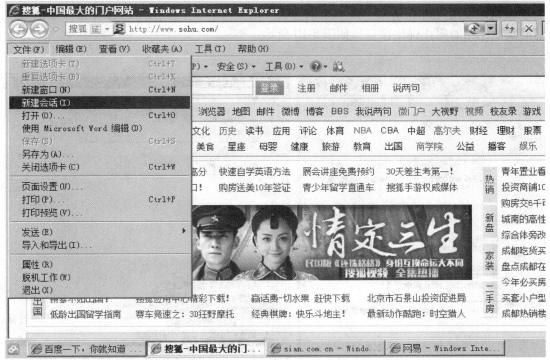

(c)

图 5-8 IE 浏览器多窗口显示网页

5.1.3.6　弹出窗口设置

许多网站在用户浏览网页时，利用弹出窗口向用户推送信息（多数是广告），影响用户的网络体验。为此，IE8.0 默认情况下启用了弹出窗口阻止程序。当遇见弹出窗口时，IE8.0 会阻拦弹出窗口并提示用户做出正确的选择，如图 5-9 所示。

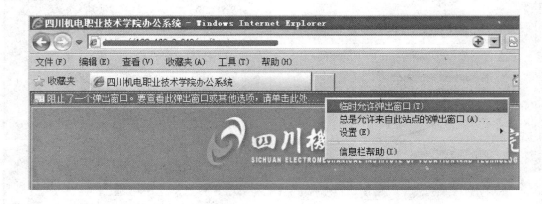

图 5-9　IE 阻止弹出窗口

用户也可自行设置弹出窗口阻止程序，确定哪些网站浏览时不阻止弹出窗口。

例如，设置允许在访问 192.168.20.200 和 www.sohu.com 网站内容时允许弹出窗口，访问其他网站时阻止弹出窗口，如图 5-10 所示。

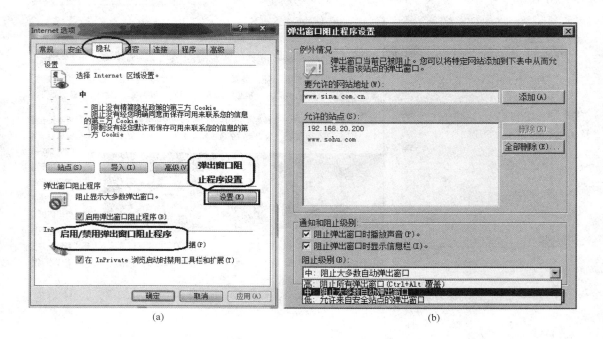

(a)　　　　　　　　　　　　　　　　　(b)

图 5-10　弹出窗口阻止程序设置

5.1.3.7　历史记录设置

A　浏览历史记录设置

IE 在浏览 WWW 资源时，会从 WWW 上自动下载网页、图片、图像以及其他的应用数据等文件资源，形成所谓的临时文件并形成历史记录，临时文件可作为"缓存"以加速 IE 对已访问资源的访问速度。IE 会自动对这些临时文件和历史记录进行管理。有时，出于文件管理或安全管理的需要，用户也可自行修改 IE 浏览器历史记录参数，达到用户直接管理临时文件和历史记录的目的。设置过程如图 5-11 所示，用户可根据实际情况灵活配置。

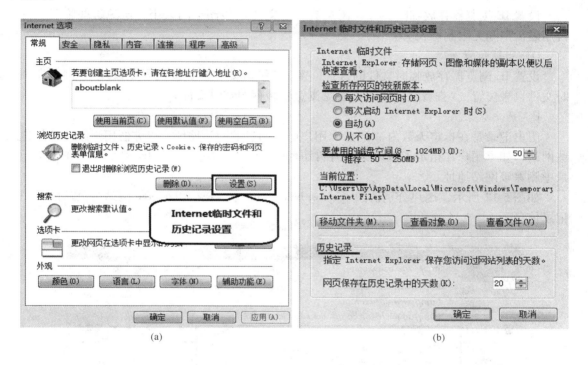

图 5-11　设置 IE 浏览历史记录

B　检查所存网页的较新版本

有 4 个选项，每个选项的作用和意义如下：

"每次访问此页时检查"选项表示浏览器每次访问一个页面时，不管浏览器是否缓存过此页面，都要向服务器发出访问请求重新下载网页。优点是实时性很强，能够访问到网页的最新内容，但是如果网页内容很少更新，这种设置的访问效率就比较低了。

"每次启动 Internet Explorer 时检查"选项表示在浏览器的每次启动运行期间，在第一次访问一个页面时，不管浏览器是否缓存过此页面，都要向服务器发出访问请求重新下载网页，但是在浏览器的本次启动运行期间对该页面的后续访问，浏览器将不再向服务器发出访问请求，而是直接使用缓存中的内容。这种设置具有较高的访问效率，同时也兼顾了较好的实时性，它可以保证每次启动浏览器后看到的都是最新的网页内容。

"自动"选项与"每次启动 Internet Explorer 时检查"选项的功能相似，只是对图像的访问有所不同。如果随着时间的推移，浏览器发现网页上的图像更新并不频繁，这样，即使浏览器在对某个已缓存的图像执行本次启动运行以来的第一次访问时，它也不一定会向服务器发出访问请求，而是干脆直接使用缓存中的内容。"自动"选项是浏览器的默认设置。

"不检查"选项表示浏览器不管在什么情况下访问一个页面时，只要能够在本地找到此页面的缓存信息，浏览器就不会向服务器发出访问请求，而是直接使用缓存的内容。这种设置的优点是访问效率很高，但是如果服务器端的网页内容更新后，浏览器看到的内容很可能是过期的内容，用户需要手动刷新网页以获取更新后的内容。

C　要使用的磁盘空间

设置 IE 浏览器存放临时文件（浏览器缓存文件）存储空间大小，避免这些临时文件占用磁盘空间无限制增长。

D　当前位置

设置 IE 浏览器存放临时文件的目录位置。"移动文件夹"按钮可以修改 IE 浏览器临时文件目录位置。"查看文件"可以看见浏览器缓存的临时文件。

E　历史记录

历史记录是在指定天数内"记忆"用户已访问过的网站地址，以方便用户继续访问这些网站，如果用户在指定天数内都没有再访问"记忆"过的网站，IE 浏览器将在历史记录中删除该网站地址。

如图 5-12 所示，用户分别访问了 www.baidu.com 和 www.sohu.com 网站主页后的历史记录信息。

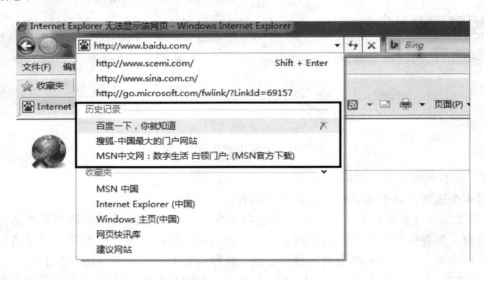

图 5-12　IE 浏览器历史记录

F　浏览历史记录删除

用户可以手工删除 IE 浏览器临时文件。删除浏览的历史记录可以释放临时文件所占据的磁盘空间，也能够达到清除用户上网痕迹的目的。

删除所有历史记录，如图 5-13 所示。

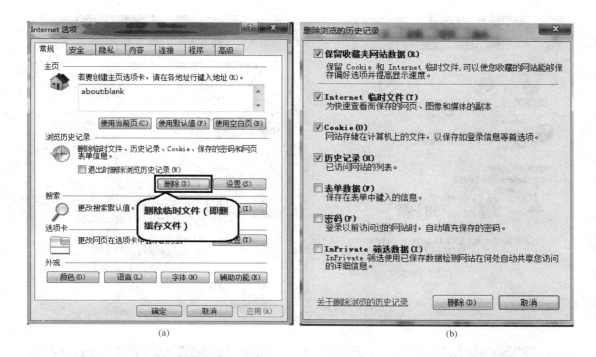

图 5-13　IE 浏览器删除浏览历史文件

5.1.3.8　安全级别设置

A　选择安全区域

Internet 网络存在着许多安全风险，特别是用户在浏览一些网站时，网站可能会利用运行网页中的脚本程序、activeX 控件、Java 小程序等方式从用户计算机上获取用户信息，甚至非法安装木马、监控等程序，导致用户计算机面临极大的安全隐患。

IE 浏览器安全级别设置是为了保护用户在浏览网页时避免受到非法侵害，为此，IE8.0 根据常规用户的几种上网场景，定义了 4 种安全区域，默认设置了 5 种安全策略（安全级别）。用户可以根据自己的上网场景选择一种安全区域，使用其默认的安全策略（安全级别）或在此基础上自定义安全策略实现安全防护。

安全区域级对应的安全级别如图 5-14 所示。图 5-14 可看成"Internet"安全区域默认安全级别是"中-高"，"本地 Intranet"安全区域默认安全级别是"中低"，"可信站点"安全区域默认安全级别是"中"，"受限站点"安全区域默认安全级别是"高"。安全级别越高，IE 浏览器对网站中网页行为限制越严格。例如在默认较高安全级别环境下，用户可能无法通过浏览器下载文件、安装应用插件或运行 Java 程序等。

需要注意的是，如果用户访问的网站没有在"本地 Intranet"、"可信站点"、"受限站点"的"站点"选项中定义，则对这些网站的访问都将按照"Internet"安全区域的安全策略进行控制和管理。

图 5-14　IE 安全区域及对应的安全级别

如图 5-15 所示，将 www. baidu. com 设为"本地 Intranet"站点，设置完毕后关闭浏览器并重新打开 www. baidu. com，浏览器状态栏将显示该网站是"本地 Intranet"。

如图 5-16 所示，将 www. sohu. com 设为"可信站点"。设置完毕后关闭浏览器并重新

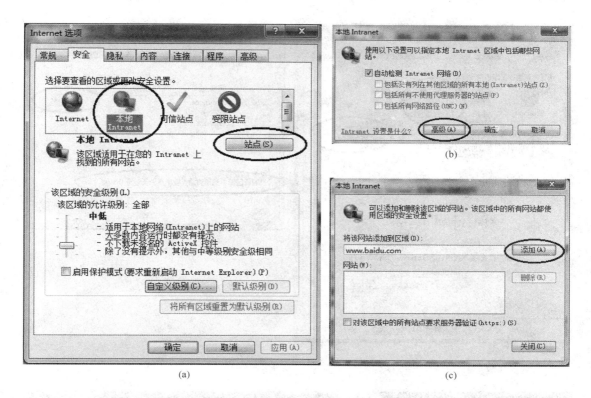

(a)

(b)

(c)

(d)

图 5-15 设置百度为本地 Intranet

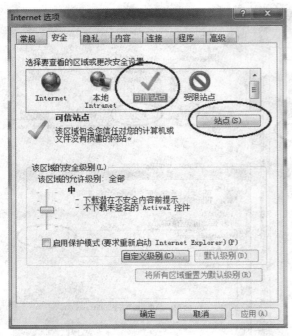

(a)

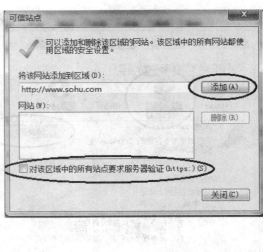

(b)

(c)

图 5-16　设置搜狐为可信站点

打开 www. sohu. com，浏览器状态栏将显示该网站是"可信站点"。

如图 5-17 所示，将 www. sina. com. cn 设为"受限站点"。设置完毕后关闭浏览器并重新打开 www. sina. com. cn，浏览器状态栏将显示该网站是"受限站点"。

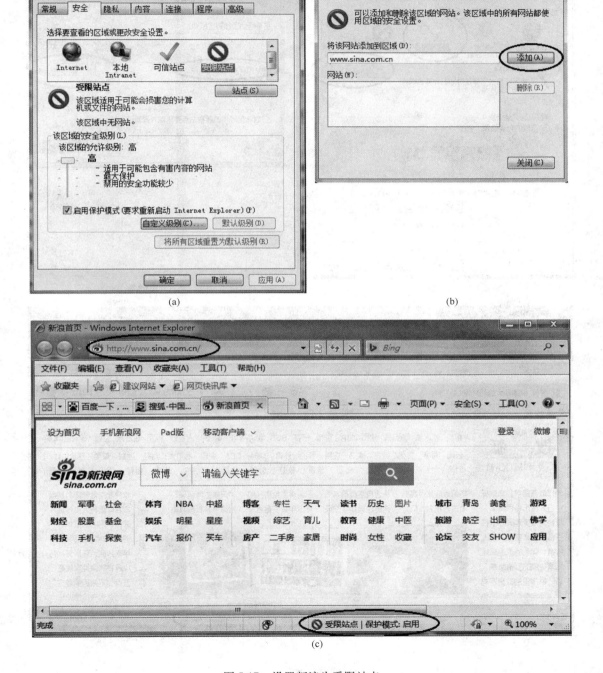

(a)　　　　　　　　　　　　　　　　　　(b)

(c)

图 5-17　设置新浪为受限站点

如图 5-18 所示，将 www. sohu. com 从 "可信站点" 中删除。设置完毕后关闭浏览器并重新打开 www. sohu. com，浏览器状态栏将显示该网站是 "Internet"。

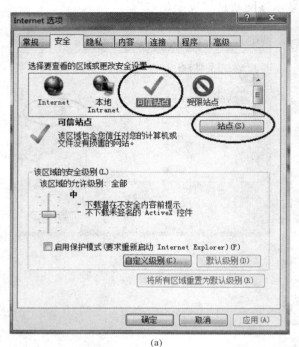

(a)

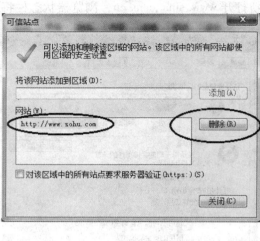

(b)

(c)

图 5-18　设置搜狐为 Internet 站点

B　自定义 Internet 区域安全级别

用户可以修改 Internet、本地 Intranet、可信站点、受限站点 4 个区域的默认安全级别参数以适应用户特殊需求。

如图 5-19 所示，用户自定义 Internet 区域安全级别内容，启用"文件下载"、"文件下载的自动提示"、"字体下载"、"用户名和密码提示"。

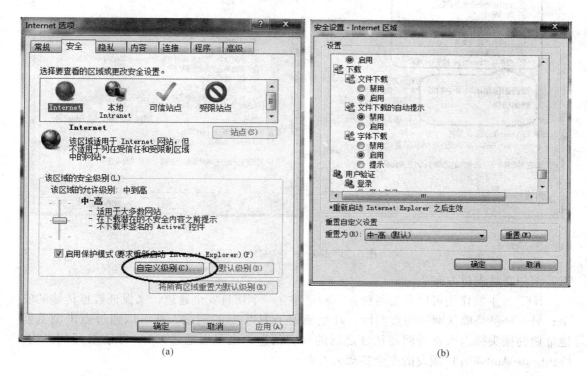

(a)　　　　　　　　　　　　　　(b)

图 5-19　自定义安全级别

5.1.3.9　高级设置

IE8.0 高级设置涉及"安全"、"打印"、"多媒体"、"浏览"、"辅助功能"等内容，其中"多媒体"和"浏览"是用户经常设置的内容。

如图 5-20 所示，"显示图像下载占位符"、"启用 FTP 文件夹视图"、"关闭浏览器时清除 Internet 临时文件文件夹"。

5.1.4　知识拓展

5.1.4.1　HTTPS 协议

HTTPS(Hyper Text Transfer Protocol over Secure Socket Layer)，是以安全为目标的 HTTP 通道，简单讲是 HTTP 的安全版。即 HTTP 下加入 SSL 层（Secure Sockets Layer 安全套接层）。这个系统的最初研发由网景公司（Netscape）进行，并内置于其浏览器 Netscape Navigator 中，提供了身份验证与加密通讯方法。现在它被广泛用于万维网上安全敏感的通

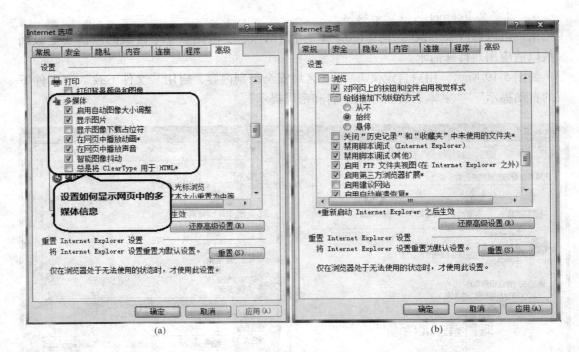

图 5-20　Internet 选项高级设置

讯，例如交易支付方面。

　　HTTPS 主要作用可以分为两种：一种是建立一个信息安全通道，来保证数据传输的安全；另一种就是确认网站的真实性。凡是使用了 HTTPS 的网站，都可以通过点击浏览器地址栏的锁头标志来查看网站认证之后的真实信息，也可以通过 CA（即证书授权机构，Certificate Authority）颁发的安全签章来查询。

5.1.4.2　HTTPS 和 HTTP 的区别

　　（1）https 协议需要到 CA 申请证书，一般免费证书很少，需要交费。

　　（2）http 是超文本传输协议，信息是明文传输，https 则是具有安全性的 ssl 加密传输协议。

　　（3）http 和 https 使用的是完全不同的连接方式，用的端口也不一样，前者是 80，后者是 443。

　　（4）http 的连接很简单，是无状态的。HTTPS 协议是由 SSL + HTTP 协议构建的可进行加密传输、身份认证的网络协议，比 http 协议安全。

5.1.4.3　兼容性视图

　　有一些网站是按照早期的 IE 版本开发的或者说是为较低版本的 IE 浏览器设计的，例如 IE5.5 或 IE6.0，现在 IE 浏览器逐步的更新换代，其内核也在做着改进和优化，但是早期针对老版本 IE 开发出来的网站并没有或来不及按照新的 IE 的标准重新做，这样用较高版本的 IE 打开这些网站的网页的时候会有兼容性问题，比如显示不正常，排版有问题等。这种情况下选择 IE8.0 的兼容性视图就能按照较早的标准打开网页，使显示正常。

任务 5.2 搜索引擎的概念及应用

【知识要点】

知识目标：了解搜索引擎用途及工作原理。

能力目标：掌握百度搜索引擎使用方法。

5.2.1 任务描述与分析

5.2.1.1 任务描述

利用百度搜索引擎搜索指定主题的网页、文档、音乐和视频。

5.2.1.2 任务分析

确定搜索资源类型；确定搜索关键字；设置搜索条件；筛选搜索结果。

5.2.2 相关知识

5.2.2.1 搜索引擎

随着信息社会的到来，因特网作为信息交流的中心与枢纽，其作用也愈显重要。因特网可以称之为一个巨大的信息库，它拥有众多但却杂乱无章的信息，并且这些信息每时每刻都在以几何级数递增。如何从因特网上获取自己所需信息就成了一个大问题。搜索引擎正是在这种情况下应运而生，它成为打开因特网这座信息宝库的一把万能钥匙。

搜索引擎（Search Engine）是指根据一定的策略、运用特定的计算机程序从互联网上搜集信息，在对信息进行组织和处理后，为用户提供检索服务，将检索相关的信息展示给用户的系统。

搜索引擎的基本工作原理包括如下三个过程：首先在互联网中发现、搜集网页信息，即抓取网页。其次对信息进行提取和组织建立索引库，即处理网页。再次由检索器根据用户输入的查询关键字，在索引库中快速检出文档，进行文档与查询的相关度评价，对将要输出的结果进行排序，并将查询结果返回给用户，即提供检索服务。

（1）抓取网页。每个独立的搜索引擎都有自己的网页抓取程序爬虫（Spider）。爬虫（Spider）顺着网页中的超链接，从这个网站爬到另一个网站，通过超链接分析连续访问抓取更多网页。被抓取的网页称之为网页快照。由于互联网中超链接的应用很普遍，理论上，从一定范围的网页出发，就能搜集到绝大多数的网页。

（2）处理网页。搜索引擎抓到网页后，还要做大量的预处理工作，才能提供检索服务。其中，最重要的就是提取关键词，建立索引库和索引。其他还包括去除重复网页、分词（中文）、判断网页类型、分析超链接、计算网页的重要度和丰富度等。

（3）提供检索服务。用户输入关键词进行检索，搜索引擎从索引数据库中找到匹配该关键词的网页；为了用户便于判断，除了网页标题和 URL 外，还会提供一段来自网页的摘要以及其他信息。

简而言之，搜索引擎其实也是一个网站，只不过该网站专门为用户提供信息"检索"服务，它使用特有的程序把因特网上的所有信息归类以帮助人们在浩如烟海的信息海洋中搜寻到自己所需要的信息。

5.2.2.2　百度搜索引擎

百度搜索引擎是全球最大的中文搜索引擎，致力于向人们提供"简单，可依赖"的信息获取方式。百度搜索引擎由四部分组成：蜘蛛程序、监控程序、索引数据库和检索程序。在中国各地和美国均设有服务器，搜索范围涵盖了中国大陆、中国台湾、港澳地区、新加坡等华语地区以及北美、欧洲的部分站点，拥有目前世界上最大的中文信息库。

用户使用百度搜索引擎的方法是访问 www. baidu. com 网址，用户可获得百度搜索引擎提供的多种搜索服务。

5.2.3　任务实施

5.2.3.1　认识百度

打开 www. baidu. com 网页，用户首先得到的是百度网页搜索服务，用户可以直接提供搜索关键字，百度搜索返回与关键字相关的网页信息。

如图 5-21 所示，打开浏览器，输入 www. baidu. com，搜索关键词"百度知识"后，点击"百度一下"按钮获得搜索结果。

图 5-21　百度网页搜索服务

5.2.3.2　确定搜索关键词

用户在使用搜索引擎时，确定搜索关键词很重要。关键词是用于表达信息主题内容，搜索引擎根据用户提供的一个或多个关键词对内容进行搜索，并把符合关键词匹配条件的内容呈现给用户。

关键词的内容可以是：人名、网站、新闻、小说、软件、游戏、星座、工作、购物、论文标题等，可以是任何中文、英文、数字，或中文英文数字的混合体。

搜索引擎在搜索关键词时要求"一字不差"。例如在生活中人们通常认为"电脑"和"计算机"是同一个事物，在搜索引擎中采用"电脑"关键词的搜索结果应该与采用"计算机"关键词的搜索结果一致。而实际上搜索引擎对这两个关键词的搜索结果是不一样的，即搜索引擎是按照关键词字面进行搜索，而不是按照关键词字义进行搜索。因此，如果用户对搜索结果不满意，可换用不同的关键词再次搜索。

如图 5-22 所示，打开 www.baidu.com，分别输入关键词"电脑"和"计算机"进行搜索，对比搜索结果是否一致。

图 5-22　关键词搜索

5.2.3.3　根据关键词确定搜索结果类型，正确选择百度搜索服务类型

由于互联网上信息资源数量和种类十分丰富，搜索引擎的搜索结果可能向用户返回

大量的、类型多样的信息，可能会影响到用户对某一类型信息的筛选和关注。利用百度搜索服务能够针对某一信息类型进行搜索，搜索精度高，搜索结果更能满足用户的期待。

如图 5-23 所示，打开浏览器，输入 www. baidu. com，浏览器显示百度网页搜索界面，单击"更多产品"，可以看见百度提供了多种类型的搜索服务，用户可以根据自己期望获得的信息类型选择某种百度搜索服务。

(a)

(b)

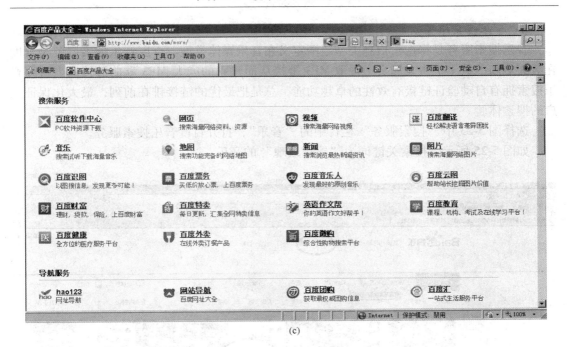

(c)

图 5-23　百度搜索服务

A　网页搜索服务

网页搜索服务是用户最常使用的搜索服务，它返回包含关键词的所有网页。这些网页中所包含的信息类型可能是多种多样的，搜索结果信息量相对于其他搜索服务要大一些。

选择图 5-23 中"搜索服务"栏目中的"网页"，打开百度网页搜索服务。

如图 5-24 所示，搜索关键词为"铿锵玫瑰"的网页。

图 5-24　百度网页搜索服务

B　音乐搜索服务

音乐搜索服务是将搜索信息类型范围定义在音乐媒体类型。百度音乐搜索服务是百度在天天更新的数十亿中文网页中提取 MP3 链接从而建立的庞大 MP3 歌曲链接库。百度音乐搜索拥有自动验证链接有效性的卓越功能，总是把最优的链接排在前列，最大化保证用户的搜索体验。

选择图 5-23 中"搜索服务"栏目中的"音乐"，打开百度音乐搜索服务。

如图 5-25 所示，搜索关键词为"铿锵玫瑰"的音乐。

图 5-25　百度音乐搜索服务

C　视频搜索服务

视频搜索服务是将搜索信息类型范围定义在视频媒体类型。

选择图 5-23 中"搜索服务"栏目中的"视频"，打开百度视频搜索服务。

如图 5-26 所示，搜索关键词为"铿锵玫瑰"的视频。

5.2.3.4　百度网页高级搜索

用户可以利用百度网页高级搜索设置搜索条件进行精细搜索，搜索结果更加准确。

如图 5-27 所示，其中"搜索结果"中有 4 个条件选项，其含义如下：

（1）包含以下全部的关键词。"全部的关键词"搜索的网页就需要包含这些关键字即可，而不一定这些关键字作为一个整体出现。例如搜索关键字是"9944 小游戏"，假设某网页中有这样一句话，"玩小游戏花了 9944 元钱"，那么这个网页也符合搜索条件，因为其中包含了全部的关键字。

需要注意的是如果用户搜索条件是要求多个关键词同时出现，选择该选项是恰当的。

图 5-26　百度视频搜索服务

例如用户想搜索有关"哈利波特与魔法石的电影"信息，可设置条件为"电影 哈利波特 魔法石"。

（2）包含以下完整的关键词。"完整的关键词"搜索出来的结果必须作为一个整体完整出现。例如搜索关键字是"9944 小游戏"，假设某网页中有这样一句话，"玩小游戏花了 9944 元钱"，那么这个网页就不符合搜索条件，因为其中包含了全部的关键字，但不

(a)

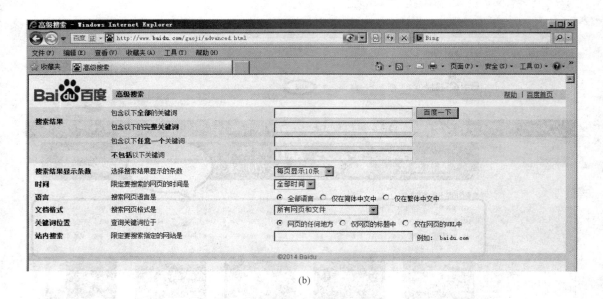

图 5-27　百度网页高级搜索选项

完整。

（3）包含以下任意一个关键词。"任意"就是里面有一个关键字的网页都满足搜索条件。

（4）不包括以下关键词。"不包含"就是搜索出来的结果不包含用户输入的关键词的网页都满足搜索条件。

如图 5-28 所示，试对比两种查询结果的区别。

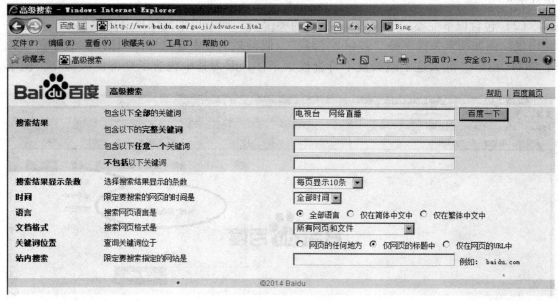

(a)

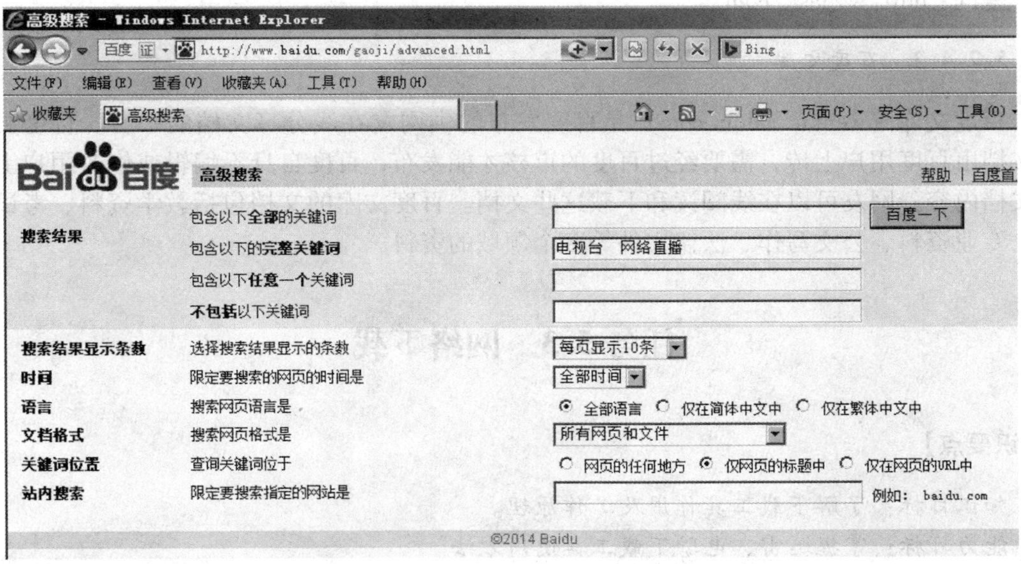

(b)

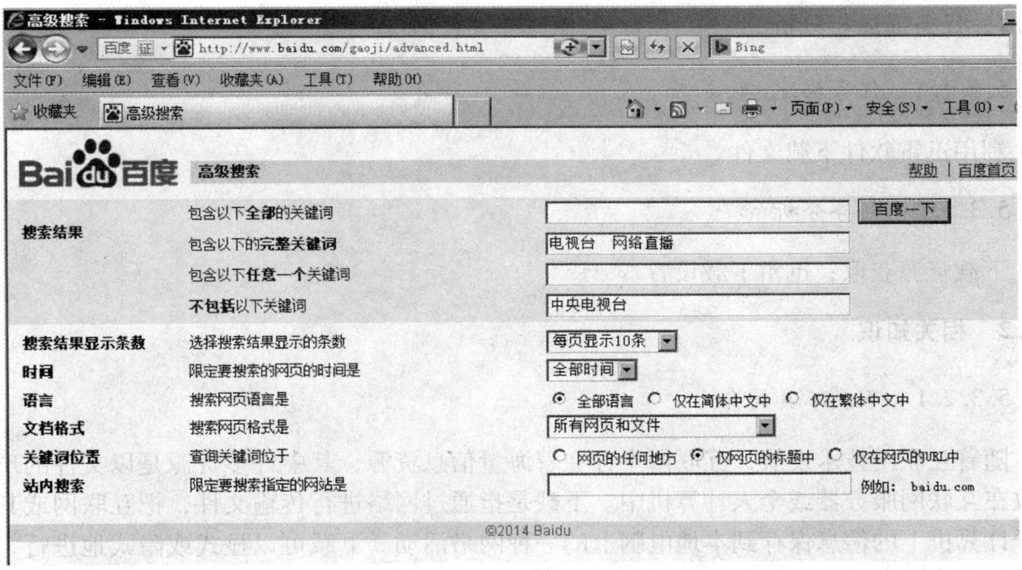

(c)

图 5-28　百度网页高级搜索

5.2.4　知识拓展

5.2.4.1　国内重要的搜索引擎

搜狐：http：//www. sohu. com

百度：http：//www. baidu. com

新浪：http：//www. sina. com. cn

网址之家：http：//www. hao123. com

爱问：http://iask.com

5.2.4.2　百度文库

百度文库（wenku.baidu.com）是百度发布的供网友在线分享文档的平台。百度文库的文档由百度用户上传，需要经过百度的审核才能发布，百度自身不编辑或修改用户上传的文档内容。网友可以在线阅读和下载这些文档。百度文库的文档包括教学资料、考试题库、专业资料、公文写作、法律文件等多个领域的资料。

任务 5.3　网络下载

【知识要点】

　　知识目标：了解下载工具作用及工作原理。
　　能力目标：掌握迅雷、电驴下载工具使用方法。

5.3.1　任务描述与分析

5.3.1.1　任务描述

利用迅雷软件下载文件。

5.3.1.2　任务分析

下载资源获取；迅雷下载设置。

5.3.2　相关知识

5.3.2.1　下载工具简介

随着互联网技术发展，互联网中存在着海量信息资源，其中许多资源是以文件的形式存放在互联网服务器或个人计算机中。下载是指通过网络进行传输文件，把互联网或其他电子计算机上的信息保存到本地电脑上的一种网络活动。下载可以显式或隐式地进行，只要是获得本地电脑上所没有的信息活动，都可以认为是下载。

相对而言，隐式下载更为常见，且一般情况下并不为用户感知，如浏览网页或在线观看视频都属于隐式下载，而显式下载一般情况下需要用户干预。通常情况下，人们所说的下载工具多应在显式下载场景下。

简而言之，下载工具是一种可以更快地从网上下载文本、图像、视频、音频、动画等信息资源的软件。用户选择下载工具下载资源主要基于两个因素，一是下载速度快，二是下载传输可靠。

5.3.2.2　下载工具工作原理

用下载工具下载东西之所以快是因为它们采用了"多点连接（分段下载）"技术，充分利用了网络上的多余带宽；采用了"断点续传"技术，随时接续上次中止部位继续下载，有效避免了重复劳动。这大大节省了下载者的连线下载时间。

多余带宽可以分为网站服务器的多余带宽和上网者的多余带宽。

假设一个网站的站点服务器可以允许 100 个人同时连线浏览，每个连接者的最高下载速率为 50kbps，那么网站的带宽就是 $100 \times 50 = 5000$kbps。又假设当前在线浏览的只有 30 个人，那么它只达到了网站带宽的 30%，另外的 70% 就属于网站的多余带宽。

假设一个上网者的上网速率是 64kbps（通常所说的 512kbps），那么他的网络带宽就是 64kbps。假设此用户当前时间以 25kbps 的速度正在从某一网站下载一个文件，又以大约 7kbps 的速度不断打开不同网页进行浏览，这时他只使用了全部带宽其中的 32kbps，大约是全部带宽的 50%，那么剩余的 32kbps（50%）就是他作为上网者的多余带宽。

"多点连接"也称为分段下载，指的是充分利用网络多余带宽，把一个文件分成多个部分同时下载。当网站的多余带宽和上网者的多余带宽同时存在时，上网者就可以利用下载工具向网站服务器提交多于 1 个的连接请求，其中每个连接被称作一个线程，每个线程负责要下载的文件的一部分。下载工具发出的线程数和下载总速度成正比。一般的下载工具都支持发出多达 10 个线程，这可能意味着下载速度提高 10 倍之多。

5.3.2.3　P2P 网络传输

传统的网络传输采用 CS（Client-Server，客户-服务器）模式，资源集中存放在服务器上，所有的客户都必须连接到服务器上下载资源，下载效率受到服务器带宽、服务器性能等因素的影响，即使是许多客户拥有某些资源，在 CS 模式下客户之间依然很难实现网络传输。

P2P 是英文 Peer-to-Peer（对等）的简称，又被称为"点对点"。"对等"技术，是一种网络新技术，依赖网络中参与者（参与者可能是客户，也可能是服务器）的计算能力和带宽，而不是把依赖都聚集在较少的几台服务器上。P2P 还是英文 Point to Point（点对点）的简称。它是下载术语，意思是客户在下载的同时，客户的电脑还要继续做主机上传。这种下载方式，人越多速度越快，但缺点是对硬盘损伤比较大（在写的同时还要读），还有对内存占用较多，影响整机速度。

迅雷（Thunder）是一款智能下载软件，同时支持 CS 和 P2P 下载模式。

5.3.3　任务实施

5.3.3.1　认识迅雷主界面

迅雷软件可以在 www.xunlei.com 或 help.xunlei.com 下载，下载后需要安装。安装后打开迅雷软件，软件主界面如图 5-29 所示。

5.3.3.2　设置迅雷启动方式和默认下载目录

如图 5-30 所示，选择"开机时启动迅雷"和"启动迅雷后自动开始未完成任务"；将选择"任务默认下载目录"设置为"c:\downloads"。

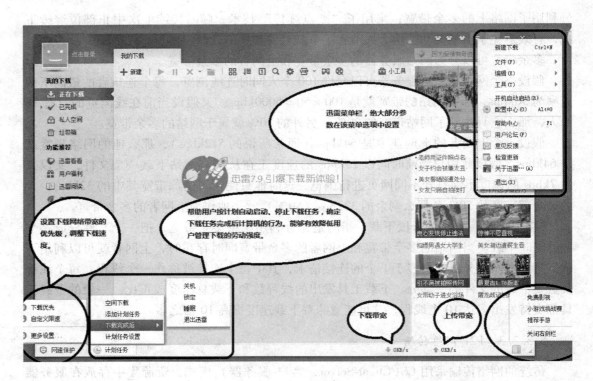

图 5-29　迅雷主界面

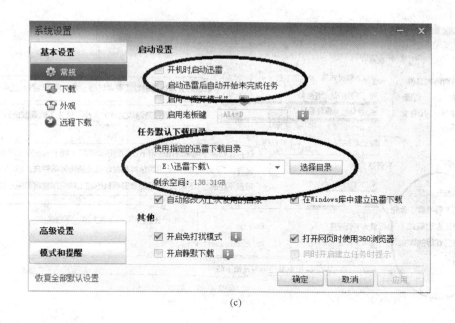

(c)

图 5-30　设置迅雷启动方式和下载目录

5.3.3.3　设置同时下载任务数和下载模式

设置"同时下载的最大任务数"为 5，选择"自动将低速任务移动至列尾"和"小于指定大小的任务不排队"，将"指定大小"设置为 30MB。选择"网速保护"。见图 5-31。

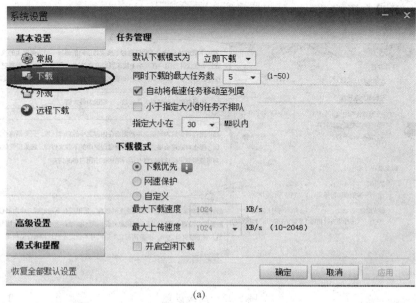

(a)

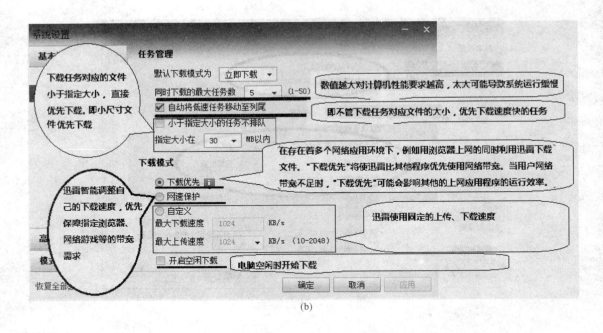

图 5-31　设置同时下载任务数和下载模式

5.3.3.4　高级设置

如图 5-32 所示，设置"原始地址线程数"为 5，选取"启用 UPnP 支持"。

需要注意的是，当用户所使用的网关或路由设备支持 UPnP 技术时，"启用 UPnP 支持"才有意义。另外"启用 UPnP 支持"能够有效改善 BT 任务和 eMule 任务的下载效率，对其他下载任务没有影响。

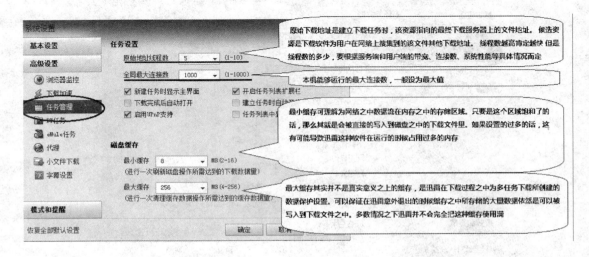

图 5-32　高级设置

5.3.3.5　让浏览器支持迅雷下载

迅雷软件在安装过程中，会自动修改系统已安装浏览器的配置，使浏览器能够支持迅雷下载，但是并不是所有的浏览器都能够支持迅雷下载，目前支持迅雷的浏览器主要是基于 IE 核心技术的浏览器，而一些非 IE 技术的主流浏览器在默认设置下是不支持迅雷的。

如图 5-33 所示，系统已安装了 IE，Firefox，Google Chrome 浏览器，在安装完迅雷软件后，只有 IE 浏览器支持迅雷，默认设置下 Firefox、Google Chrome 浏览器不支持迅雷。

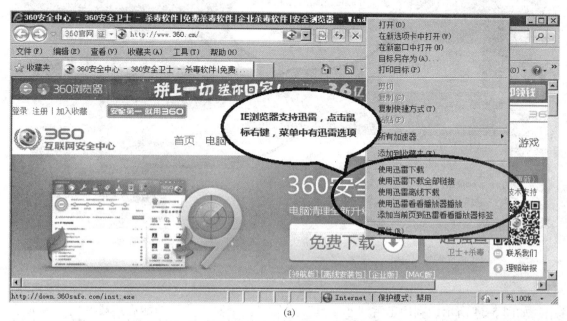

(a)

(b)

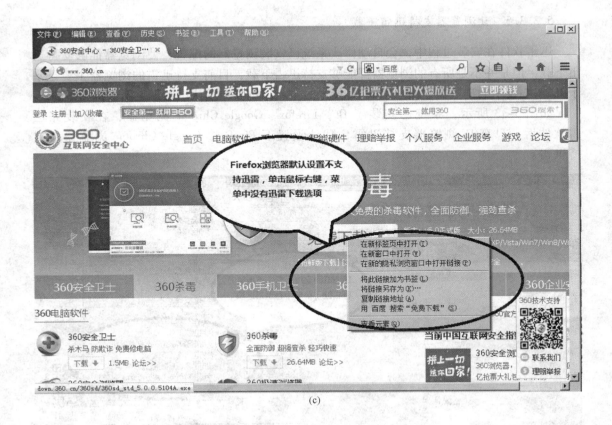

(c)

图 5-33　查看浏览器是否支持迅雷

如图 5-34 所示，利用迅雷"小工具"中的"浏览器支持"功能启用或禁用 Firefox 支持迅雷。

用户可以采用同样的方法在 IE 浏览器中禁用迅雷下载。

5.3.3.6　新建一个下载任务

新建一个下载任务有两种方式，一种是在浏览器中直接启动迅雷新建下载任务，另一种方式是在迅雷中新建下载任务。

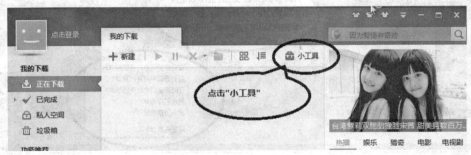

(a)

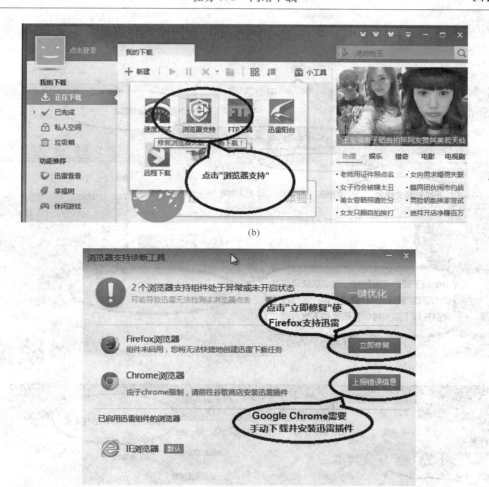

图 5-34　利用迅雷小工具启用 Firefox 支持迅雷

　　如图 5-35 所示，打开 IE 浏览器访问 www.360.cn 网站，利用迅雷下载 "360 安全卫士"。

(a)

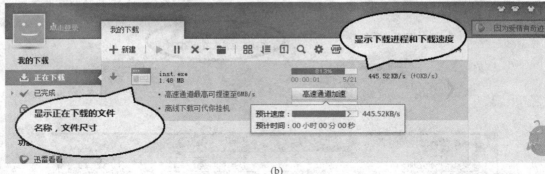

(b)

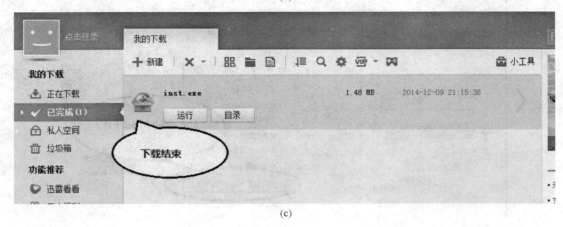

(c)

图 5-35　利用 IE 浏览器启动迅雷新建下载任务

5.3.3.7　按规则添加批量下载任务

如图 5-36 所示，打开迅雷新建批量下载任务，分析批量下载 URL 地址规则，利用规则批量下载如下地址的 7 个网页。

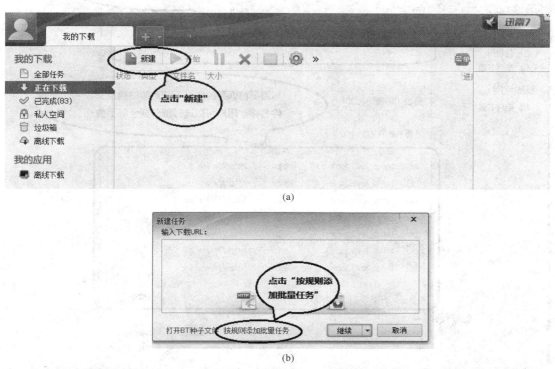

(a)

(b)

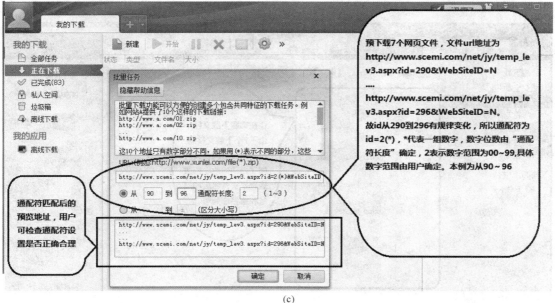

(c)

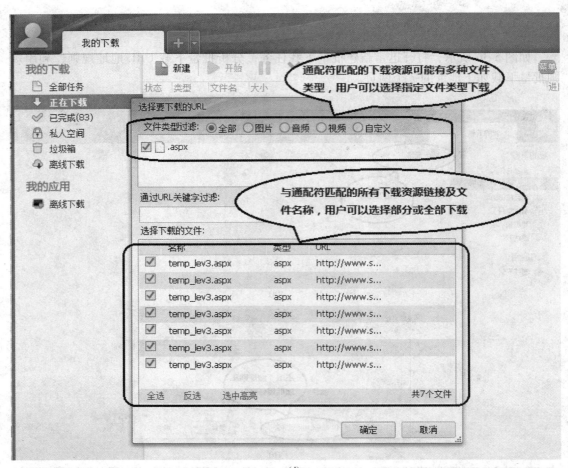

(d)

(e)

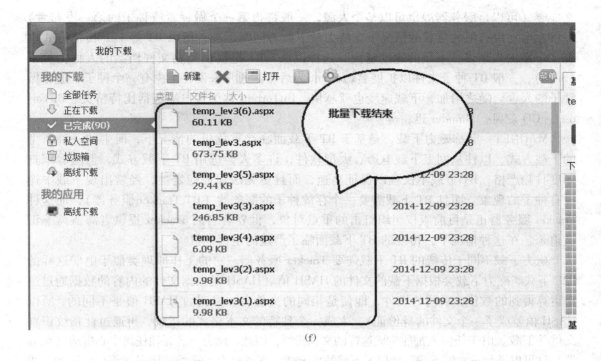

(f)

图 5-36　利用 IE 浏览器按规则添加批量下载任务

http：//www. scemi. com/net/jy/temp_lev3. aspx？ id = 290&WebSiteID = N

http：//www. scemi. com/net/jy/temp_lev3. aspx？ id = 291&WebSiteID = N

http：//www. scemi. com/net/jy/temp_lev3. aspx？ id = 292&WebSiteID = N

http：//www. scemi. com/net/jy/temp_lev3. aspx？ id = 293&WebSiteID = N

http：//www. scemi. com/net/jy/temp_lev3. aspx？ id = 294&WebSiteID = N

http：//www. scemi. com/net/jy/temp_lev3. aspx？ id = 295&WebSiteID = N

http：//www. scemi. com/net/jy/temp_lev3. aspx？ id = 296&WebSiteID = N

5.3.4　知识拓展

5.3.4.1　ED2K、BT、MAGNET

ED2K 全称为"eDonkey2000 network"，是一种文件共享网络，多用于共享音乐、电影和软件。与多数文件共享网络一样，它是分布式的，文件基于 P2P 原理存放于用户的电脑上而不是存储于一个中枢服务器。eDonkey 客户端程序连接到这个网络来共享文件。而 eDonkey 服务器作为一个通讯中心，使用户在 ED2K 网络内查找文件。它的客户端和服务端可以工作于 Windows、Macintosh、Linux、UNIX 操作系统。任何人都可以作为服务器加入这个网络。由于服务器经常变化，客户端会经常更新它的服务器列表。ED2K 常见的客户端包括 eMule、EasyMule、QQ 旋风、Thunder 迅雷等。

BitTorrent 简称 BT，一个文件分发协议，它对比 HTTP/FTP 协议、MMS/RTSP 流媒体协议等下载方式的优势在于，一个文件的下载者们下载的同时也在不断互相上传数据，使文件源（可以是服务器源也可以是个人源，一般特指第一个做种者或种子的第一发布者）可以在增加很有限的负载的情况下支持大量下载者同时下载，所以 BT 等 P2P 传输方式也有 "下载的人越多，下载的速度越快" 这种说法。BT 把提供完整文件档案的人称为种子（Seed），一般 BT 种子文件以扩展名 .torrent 为后缀。通常来说，至少有一个种子，通常做种子的人也会随之增加，下载速度也就越快。BitTorrent 常见客户端包括比特精灵、BitTorrent、QQ 旋风、Thunder 迅雷等。

MAGNET，又称磁力下载，是基于 BT 下载面临严重危机的情况下，诞生的一种新型的下载方式。以往从网上下载电影、大型软件，许多人会选用 BT 下载方式，但随着审查制度日趋严格，BT 下载不仅难以保证高速，而且更无法保证稳定性，经常出现下载中途没有种子的现象。而且 BT 下载需要一个存放种子的服务器（BT Tracker 服务器），而这种 Tracker 服务器正是目前版权组织打击的重点对象，世界著名的 Tracker 提供者海盗湾等正被追杀，在这种情况下，传统的 BT 下载面临了严重的生存危机。

磁力下载不同于传统的 BT 下载需要 Tracker 服务器，它的工作原理类似于电驴这样的 P2P 下载。磁力下载会根据下载的文件的 HASH 值（HASH 是根据文件的内容的数据通过逻辑运算得到的数值，不同的文件，即使是相同的文件名，得到的 HASH 值是不同的，所以 HASH 值就成了一个文件的身份证），生成一个独特的文本格式的指纹，再通过此指纹识别文件并下载。由于任何人都能生成这样的文件指纹，因此，磁力下载无须任何中心机构（服务器）就可以进行正常的下载，确保了下载的稳定性。支持磁力下载的链接通常都会显示为一块磁铁的图标，现在 BT 下载的多款软件已经更新，均采用了最新的 BT 磁力链接（magnet）方式，类似电驴的 ED2K 链接，放弃了需要 BT 种子才能下载的传统方式，现在用户不需要下载种子文件，只要有磁力链接就可以下载 BT 了。磁力下载常见客户端包括 uTorrent，迅雷等。

5.3.4.2　UPnP

通用即插即用（UPnP）是一种用于 PC 机和智能设备（或仪器）的常见对等网络连接的体系结构，尤其是在家庭中。UPnP 以 Internet 标准和技术（例如 TCP/IP、HTTP 和 XML）为基础，使这样的设备彼此可自动连接和协同工作，从而使网络（尤其是家庭网络）对更多的人成为可能。

UPnP 对用户意味着简单、更多选择和更新颖的体验。包含通用即插即用技术的网络产品只需实际连到网络上，即可开始正常工作。实际上，UPnP 可以和任何网络媒体技术（有线或无线）协同使用。举例来说，这包括：Category 5 以太网电缆、Wi-Fi 或 802.11B 无线网络、IEEE 1394（"Firewire"）、电话线网络或电源线网络。当这些设备与 PC 互连时，用户即可充分利用各种具有创新性的服务和应用程序。

任务 5.4　QQ 应用

【知识要点】

知识目标：了解腾讯 QQ 的主要功能。

能力目标：掌握腾讯 QQ 的注册、基本使用方法。

5.4.1　任务描述与分析

5.4.1.1　任务描述

注册腾讯 QQ 用户并安装 QQ 软件，完成基本参数设置。

5.4.1.2　任务分析

注册 QQ 号，添加好友，QQ 基本设置。

5.4.2　相关知识

5.4.2.1　即时通信

即时通信（Instant Messaging，IM）是指能够即时发送和接收互联网消息等的业务。即时通信已经发展成集交流、资讯、娱乐、搜索、电子商务、办公协作和企业客户服务等为一体的综合化信息平台。微软、腾讯、AOL、Yahoo 等重要即时通信提供商都提供通过手机接入互联网即时通信的业务，用户可以通过手机与其他已经安装了相应客户端软件的手机或电脑收发消息。

5.4.2.2　腾讯 QQ

腾讯 QQ（简称"QQ"）是腾讯公司开发的一款基于 Internet 的即时通信（IM）软件。腾讯 QQ 支持在线聊天、视频电话、点对点断点续传文件、共享文件、网络硬盘、自定义面板、QQ 邮箱等多种功能，并可与移动通讯终端等多种通讯方式相连。QQ2014 年继续更新为用户创造良好的通讯体验，标志是一只戴着红色围巾的小企鹅。目前 QQ 已经覆盖PC、Mac、Android、iPhone 等主流平台。

5.4.3　任务实施

5.4.3.1　下载安装 QQ 软件，申请 QQ 号

腾讯公司提供的 QQ 软件有手机版和电脑版之分，电脑版 QQ 软件可在腾讯官方网站http：//pc. qq. com/上下载，下载后启动软件，按照安装向导提示安装即可。

用户在使用 QQ 即时通信软件前首先需要注册申请 QQ 号，QQ 号申请是免费的，申请方式有多种。本文使用 QQ 登录界面的"注册账号"方式申请 QQ 号，首先启动 QQ，步骤如图 5-37 所示。

用户在获得 QQ 账号后，可登录 QQ 并进入 QQ 主界面，如图 5-38 所示。

5.4.3.2　找人、找群、找服务

用户在利用新 QQ 号登录 QQ 后，"QQ 联系人视图"和"群/讨论组"没有可以对话的其他 QQ 号，用户要与其他人通讯，必须获得个人或群组的 QQ 号，并通过"查找"方式将对方加为"好友"或申请加入"群"中实现通讯。

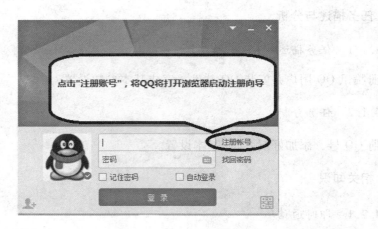

(a)

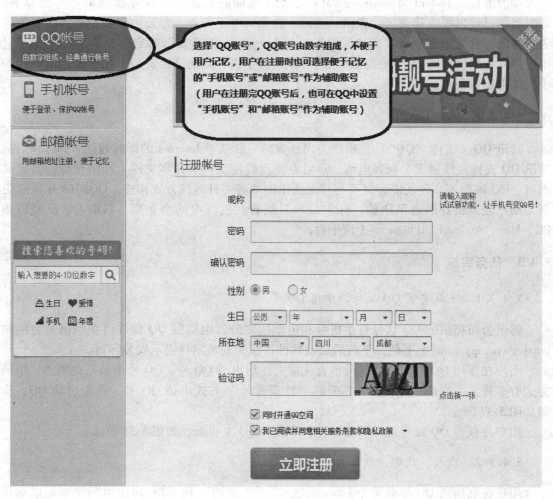

(b)

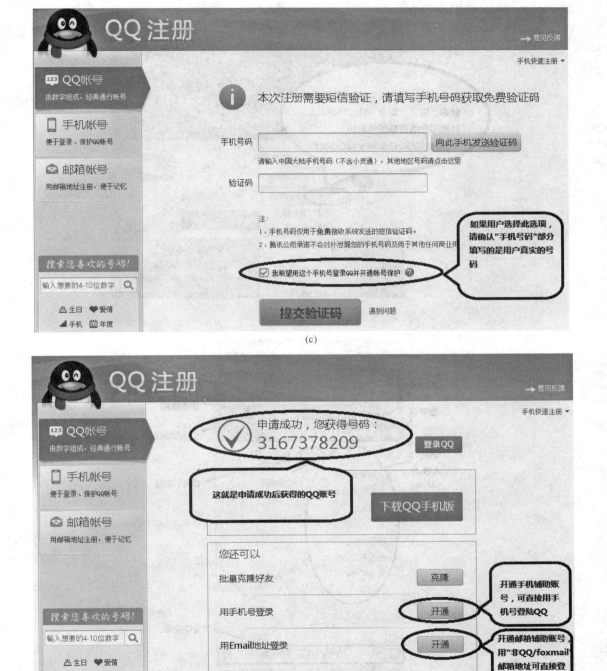

图 5-37 QQ 注册

如图 5-39 所示为添加一个 QQ 好友的操作过程，添加到群与此类似。

(a)

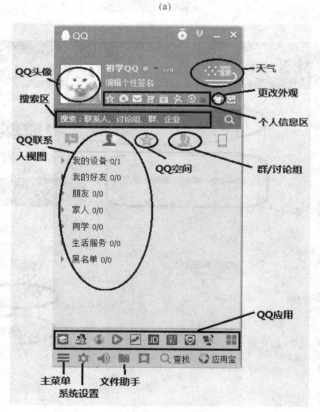

(b)

图 5-38　登录 QQ

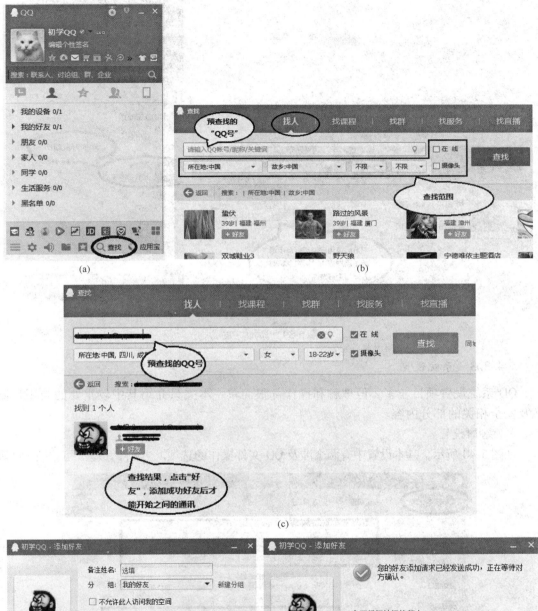

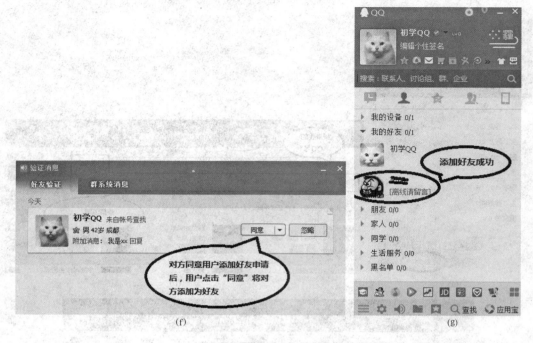

(f)　　　　　　　　　　　　　　　　(g)

图 5-39　添加好友

5.4.3.3　系统设置

QQ 系统设置项目较多，但理解和操作都很简单，本文只介绍其中较重要的与用户隐私及安全相关的部分内容。

A　基础设置

如图 5-40 所示，基本设置中有两个涉及 QQ 文件操作的选项。"文件管理"可修改 QQ 默

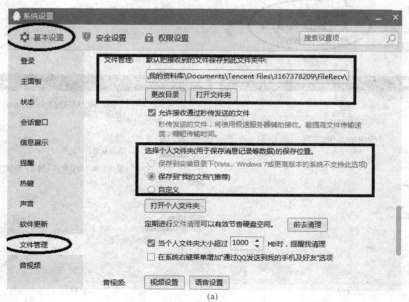

(a)

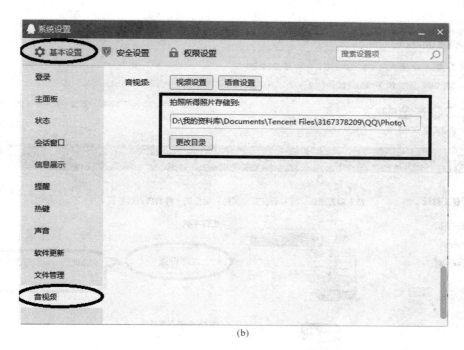

(b)

图 5-40　文件管理

认存放消息记录、接收文件等目录。"音视频"可修改从手机中导出照片的存储目录。

B　安全设置

用户 QQ 号是一个公开的信息，因此用户 QQ 密码保护很重要，在"安全设置"中"申请密码保护"可以使 QQ 号和用户手机"绑定"到一起。当用户 QQ 号被盗后，可通过手机短信找回 QQ 密码、锁定 QQ 账号、设置账号保护服务等，如图 5-41 所示。

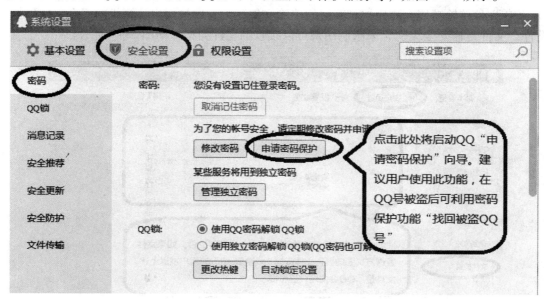

(a)

(b)

图 5-41　申请密码保护

　　QQ 文件传输功能允许用户相互之间传输文件，为了保护用户计算机的安全，QQ 通过设置"文件传输安全级别"来限制用户可以接收的文件类型，如图 5-42 所示。

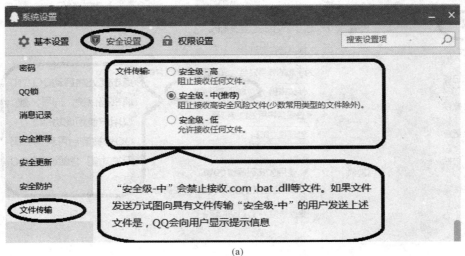

(a)

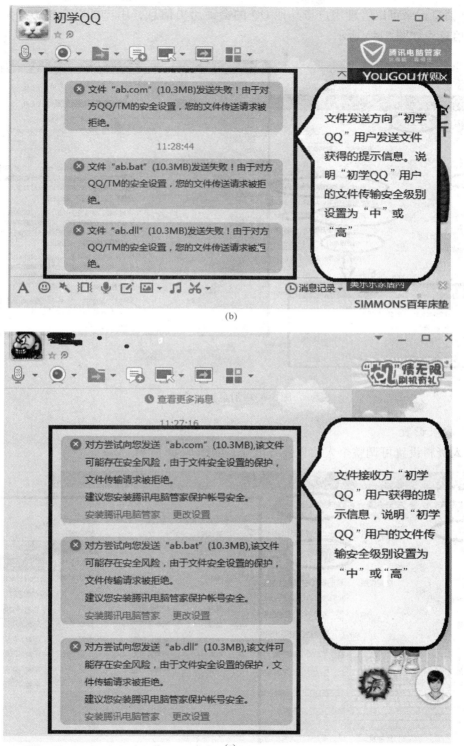

(b)

(c)

图 5-42 文件传输安全级别

QQ 消息记录可以管理用户与其他 QQ 的会话历史信息，用户可以查找历史信息或删除历史信息，如图 5-43 所示。

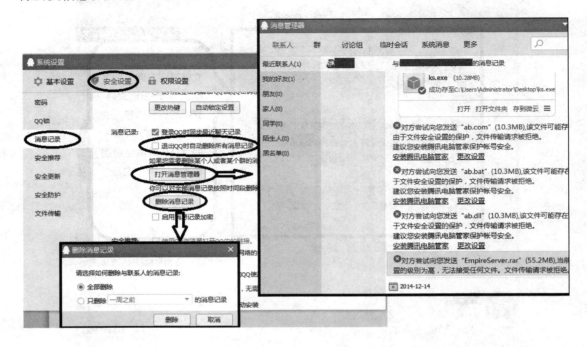

图 5-43   消息记录管理

C   权限设置

个人资料设置可调整个人信息公开范围，如图 5-44 所示。

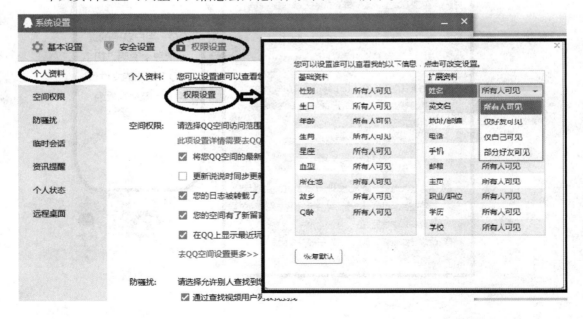

图 5-44   个人信息公开范围

防骚扰设置可调整其他 QQ 用户查找"你"的方式，如图 5-45 所示。

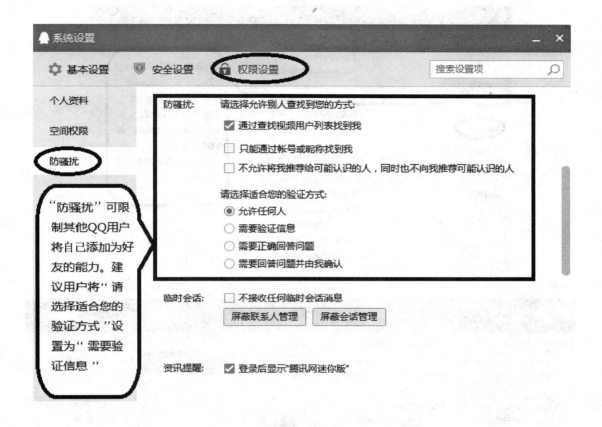

图 5-45　个防骚扰

QQ "临时会话"允许会话双方无须事前添加彼此为好友，"临时会话"功能需要在腾讯网上单独申请，普通 QQ 用户在默认情况下不具备"临时会话"功能。"临时会话"管理设置，如图 5-46 所示。

5.4.4　知识拓展

5.4.4.1　微信

微信（WeChat）是腾讯公司于 2011 年 1 月 21 日推出的一个为智能终端提供即时通讯服务的免费应用程序，微信支持跨通信运营商、跨操作系统平台通过网络快速发送免费（需消耗少量网络流量）语音短信、视频、图片和文字，同时，也可以使用通过共享流媒体内容的资料和基于位置的社交插件"摇一摇"、"漂流瓶"、"朋友圈"、"公众平台"、"语音记事本"等服务插件。

5.4.4.2　微信与 QQ 的区别

相同点：微信与 QQ 的相同点很多，它们都是腾讯旗下的社交产品。微信和 QQ 都可

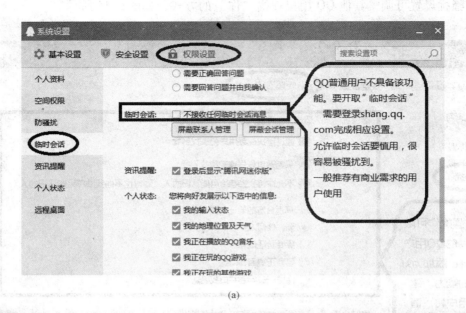

(a)

(b)

图 5-46　QQ 临时会话

以添加好友让自己的社交更加丰富，同时都可以发送语音和纯文字消息，随时随刻与想要保持的人联系。

不同点：微信主要针对手机 APP 端，而 QQ 主要针对电脑 PC 端和手机端。两种程序针对的用户群体是一样的，但是针对平台不一样。微信社交功能没有 QQ 好，微信的评论功能只能让微信共同好友看到，但是 QQ 的社交功能可扩大到公众。

任务 5.5　电子邮件的申请及使用

【知识要点】

　　知识目标：了解电子邮件的工作原理。

　　能力目标：掌握电子邮件软件配置，电子邮件收发。

5.5.1　任务描述与分析

5.5.1.1　任务描述

电子邮件软件设置，电子邮件收发。

5.5.1.2　任务分析

电子邮件邮箱申请，电子邮件软件设置，电子邮件收发。

5.5.2　相关知识

5.5.2.1　电子邮件

　　电子邮件是一种用电子手段提供信息交换的通信方式，是互联网应用最广的服务。通过网络的电子邮件系统，用户可以以非常低廉的价格（不管发送到哪里，都只需负担网费）、非常快速的方式（几秒钟之内可以发送到世界上任何指定的目的地），与世界上任何一个角落的网络用户联系。

　　电子邮件地址的格式由三部分组成。第一部分"USER"代表用户信箱的账号，对于同一个邮件接收服务器来说，这个账号必须是唯一的；第二部分"@"是分隔符；第三部分是用户信箱的邮件接收服务器域名，用以标志其所在的位置，例如 test @ qq. com。

5.5.2.2　电子邮件工作原理

　　电子邮件的工作过程遵循客户-服务器模式。发送方通过邮件客户程序，例如 Fox-Mail 或 Outlook 将编辑好的电子邮件向邮局服务器（SMTP 服务器，Simple Mail Transfer Protocol 简单邮件传输协议）发送。邮局服务器（SMTP 服务器）识别接收者的地址，并向管理该地址的邮件服务器（POP3 服务器，Post Office Protocol - Version 3 邮局协议版本 3）发送消息。邮件服务器（POP3 服务器）将消息存放在接收者的电子信箱内，并告知接收者有新邮件到来。接收者通过邮件客户程序连接到服务器后，就会看到服务器的通知，进而打开自己的电子信箱来查收邮件。电子邮件工作原理，如图 5-47 所示。

5.5.3　任务实施

5.5.3.1　申请电子邮件邮箱地址

电子邮件（E-mail）像普通的邮件一样，也需要地址，所有在 Internet 的电子邮件用户都有自己的一个或几个邮箱地址，并且这些邮箱地址都是唯一的。目前许多网络服务提供商都提供了电子邮件服务，用户可以免费或付费使用这些邮件服务。如图 5-48 所示为搜狐注册邮箱账号。

用户在获得邮箱账号后，可利用浏览器通过 http：//mail. sohu. com/地址立即登录用户邮箱，如图 5-49 所示，利用 Web 方式操作邮件。

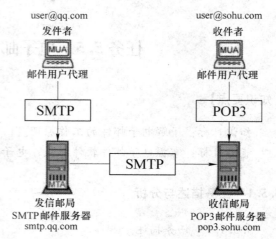

图 5-47　电子邮件工作原理

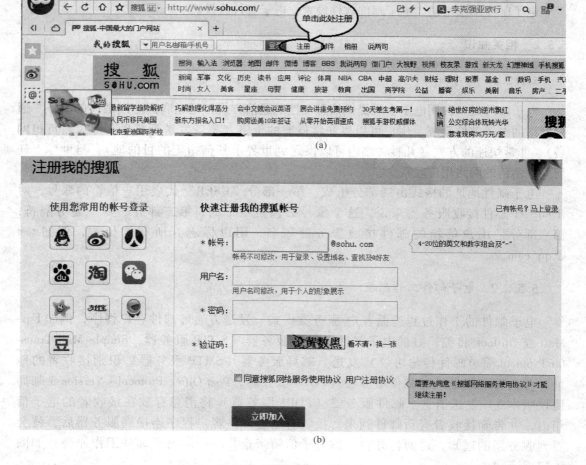

图 5-48　搜狐注册邮箱账号

图 5-49   搜狐邮箱主界面

5.5.3.2 FoxMail 设置

使用电子邮件软件的优点就是，不用登录用户邮箱所在的网站就能直接收信到本地电脑。本文以流行的 FoxMail 为例介绍电子邮件软件的设置和使用。

安装完 FoxMail，第一次 FoxMail 时会启动设置向导，如图 5-50 所示。

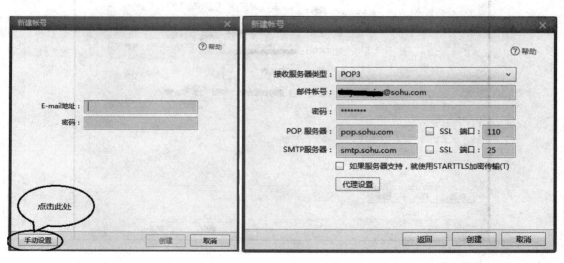

(a)   (b)

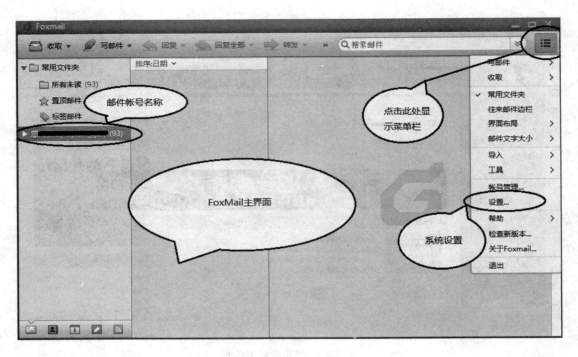

(c)

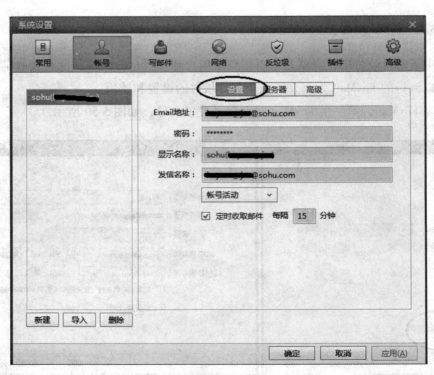

(d)

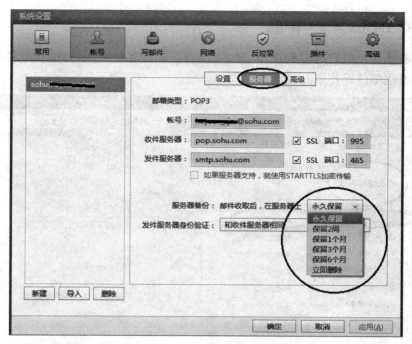

(e)

(f)

图 5-50　FoxMail 设置

5.5.3.3　FoxMail 收发邮件

设置好账号后，用户可以利用账号收发邮件。如图 5-51 所示为接收邮件操作。如图 5-52 所示为发送邮件操作。

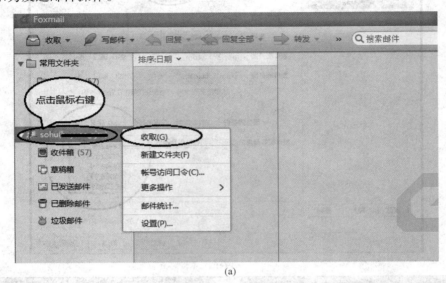

(a)

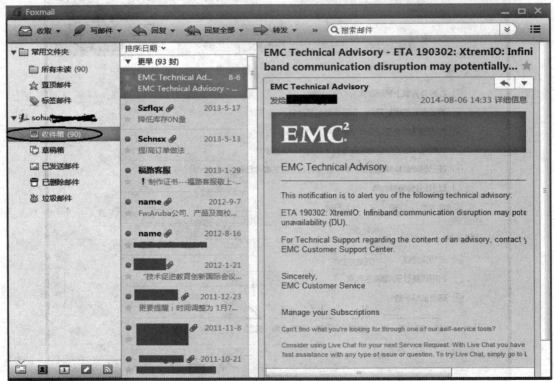

(b)

图 5-51　接收邮件

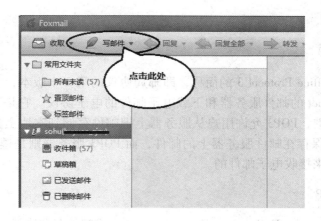

(a)

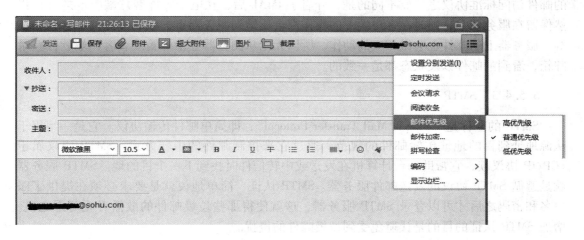

(b)

(c)

图 5-52　发送邮件

5.5.4　知识拓展

5.5.4.1　POP3

POP3 是 Post Office Protocol 3 的简称,即邮局协议的第 3 个版本,它规定怎样将个人计算机连接到 Internet 的邮件服务器和下载电子邮件的电子协议。它是因特网电子邮件的第一个离线协议标准,POP3 允许用户从服务器上把邮件存储到本地主机(即自己的计算机)上,同时删除保存在邮件服务器上的邮件,而 POP3 服务器则是遵循 POP3 协议的接收邮件服务器,用来接收电子邮件的。

5.5.4.2　IMAP

IMAP 全称是 Internet Mail Access Protocol,即交互式邮件存取协议,它是跟 POP3 类似的邮件访问标准协议之一。不同的是,开启了 IMAP 后,在电子邮件客户端收取的邮件仍然保留在服务器上,同时在客户端上的操作都会反馈到服务器上,如删除邮件,标记已读等,服务器上的邮件也会做相应的动作。所以无论从浏览器登录邮箱或者客户端软件登录邮箱,看到的邮件以及状态都是一致的。

5.5.4.3　SMTP

SMTP 的全称是"Simple Mail Transfer Protocol",即简单邮件传输协议。它是一组用于从源地址到目的地址传输邮件的规范,通过它来控制邮件的中转方式。SMTP 协议属于 TCP/IP 协议族,它帮助每台计算机在发送或中转信件时找到下一个目的地。SMTP 服务器就是遵循 SMTP 协议的发送邮件服务器。SMTP 认证,简单地说就是要求必须在提供了账户名和密码之后才可以登录 SMTP 服务器,这就使得那些垃圾邮件的散播者无可乘之机。增加 SMTP 认证的目的是让避免受到垃圾邮件的侵扰。

情境 6　个人计算机的安全防护

任务 6.1　Windows 操作系统的安全设置

【知识要点】

知识目标：了解 Windows 7 本地用户策略作用，系统漏洞产生和修复办法。

能力目标：掌握在 Windows 7 下 applocker 配置方法，利用 360 安全卫士进行系统漏洞修复的方法。

6.1.1　任务描述与分析

6.1.1.1　任务描述

多用户共用 Windows 7 要求对应用软件权限进行控制，用户能够发现并修补系统漏洞，确保系统安全。

6.1.1.2　任务分析

设置 Windows 7 用户账户控制级别，调整本地安全策略增强密码管理，控制不同用户对应用程序的访问权限，利用 360 安全卫士扫描并修补系统补丁。

6.1.2　相关知识

6.1.2.1　操作系统的安全问题

操作系统是计算机资源的直接管理者，它和硬件打交道并为用户提供操作计算机的界面，是计算机软件的基础和核心。因此操作系统的安全是整个计算机系统安全的基础，其安全问题日益引起人们的高度重视。

一般所说的操作系统的安全通常包含两方面意思：一方面是操作系统在设计时通过权限访问控制、信息加密性保护、完整性鉴定等机制实现的安全；另一方面则是操作系统在使用中，通过一系列的配置，保证操作系统避免由于实现时的缺陷或是应用环境因素产生的不安全因素。只有这两方面同时努力，才能够最大可能地建立安全的操作系统。

6.1.2.2　安全桌面

安全桌面，也称为 Winlogon Desktop。它是 Windows 系统具有的三个桌面之一（另外两个是应用程序桌面 Application Desktop 和屏幕保护桌面 Screensaver Desktop），是 Winlogon 和图形标识和身份验证（Graphical Identification and Authentication，GINA）在交互验证和其他安全诊断对话框运行时的桌面。

例如，当使用者账户控制（UAC）显示提示时或正在显示欢迎界面时，背景暂时变成灰色，此时用户对其显示的内容不能执行操作，进程处于后台处理但其显示的内容被冻结。

6.1.3　任务实施

6.1.3.1　设置用户账户控制（UAC）

用户账户控制（User Account Control，UAC）是微软为提高系统安全而在 Windows Vista 中引入的技术，它要求用户在执行可能会影响计算机运行的操作或执行更改影响其他用户的设置的操作之前，提供权限或管理员密码。通过在这些操作启动前对其进行验证，UAC 可以帮助防止恶意软件和间谍软件在未经许可的情况下，在计算机上进行安装或对计算机进行更改。

设置 UAC 方法："控制面板—系统和安全—更改用户账户控制设置"，设置界面如图 6-1 所示。

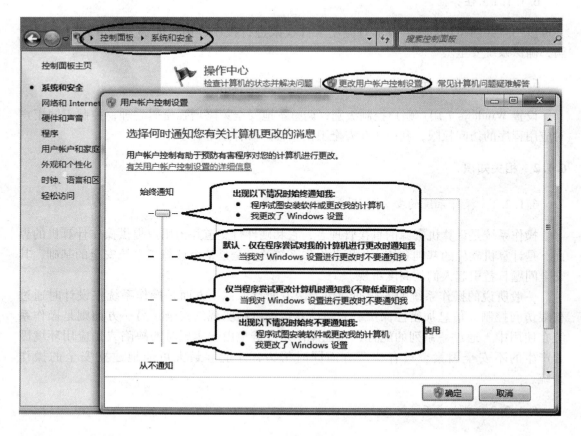

图 6-1　用户账户控制设置

建议用户将其设置为"始终通知",这是最安全的设置。用户收到通知后,系统进入安全桌面模式,用户必须先批准或拒绝 UAC 对话框中的请求,然后才能在计算机上执行其他操作。

6.1.3.2　本地安全策略

本地安全策略影响本地计算机的安全设置,当用户登录 Windows 7 计算机时,会受到此计算机本地安全策略的影响。

管理本地安全策略方法:"控制面板—系统和安全—管理工具—本地安全策略",如图 6-2 所示。

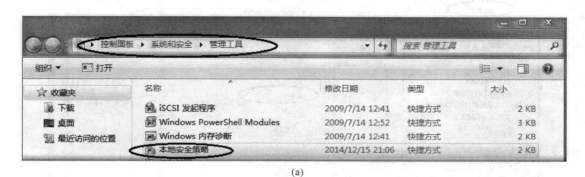

(a)

(b)

图 6-2　本地安全策略

本地安全策略选项很多,涉及的内容也比较复杂,Windows 7 默认设置基本能够满足普通用户的安全应用需求。用户也可自行调整本地安全策略,以增强 Windows 7 的安全性。

A　修改密码复杂度

如果启用此策略,密码必须符合下列最低要求:

(1)不能包含用户的账户名,不能包含用户姓名中超过两个连续字符的部分。

(2)至少有六个字符长。

(3)包含以下四类字符中的三类字符:

1）英文大写字母（A～Z）

2）英文小写字母（a～z）

3）10 个基本数字（0～9）

4）非字母字符（例如！、$ 、#、%）

修改密码复杂度方法如图 6-3 所示。

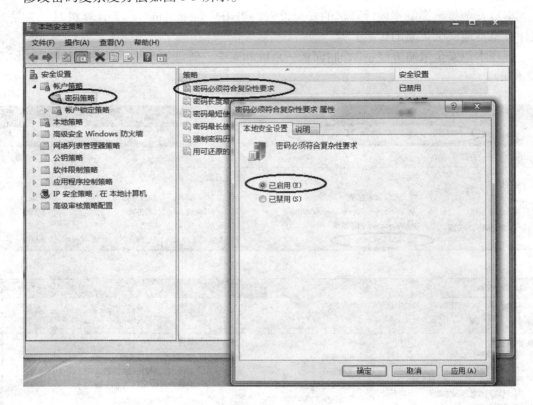

图 6-3　修改密码复杂度

B　启 动 AppLocker

AppLocker（应用程序控制策略）可以很方便地配置多用户环境下程序、文件、脚本
运行策略。AppLocker 基于组策略管理和配置，适用于网络环境的部署。

如图 6-4 所示，在使用 AppLocker 策略前，需要启动 Application Identity 服务，首先在
开始菜单的搜索框输入"Services. msc"命令启动服务窗口。启动 Application Identity 服务
后必须重启计算机才能有效。

C　限 制 用 户 使 用 程 序

Windows 7 默认设置下未限制用户使用程序。用户可以利用 AppLocker 来建立限制用
户使用某个程序。

如图 6-5 所示，禁止用户 user1 使用 IE 浏览器。

6. 1. 3. 3　360 安全卫士修补系统补丁

现在主流的个人桌面操作系统本身也是一个庞大的软件，系统开发人员在开发这些操

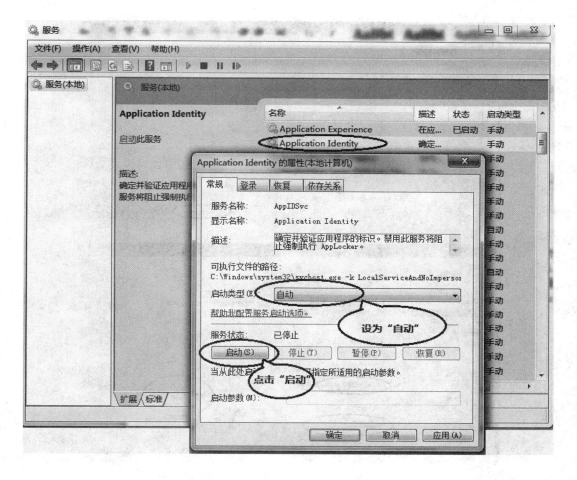

图 6-4　启动 Application Identity 服务

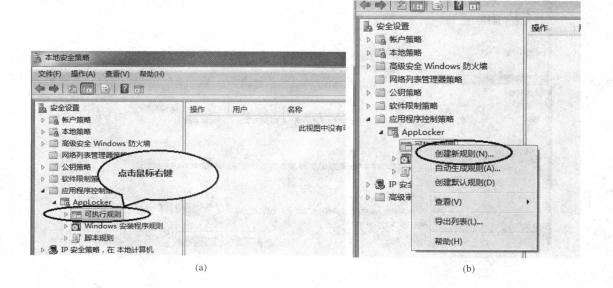

(a)　　　　　　　　　　　　　　　　　　　　　(b)

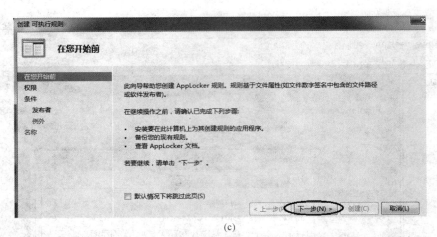

(c)

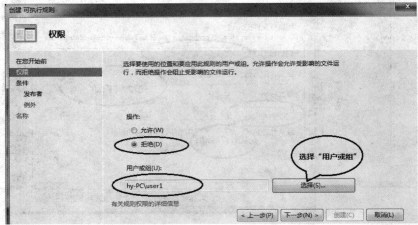

(d)

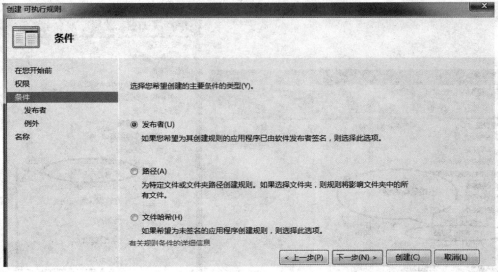

(e)

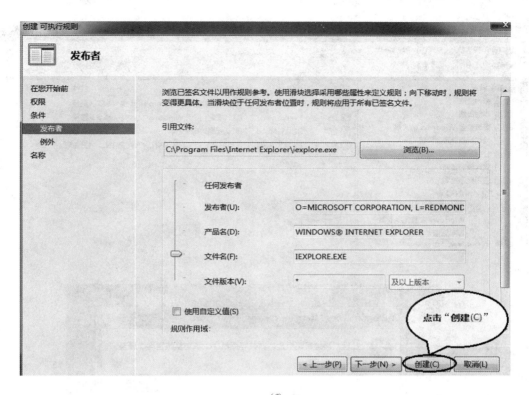

(f)

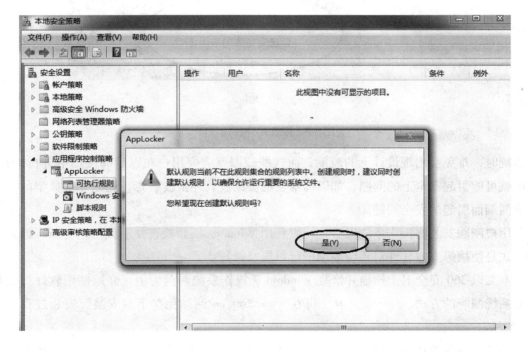

(g)

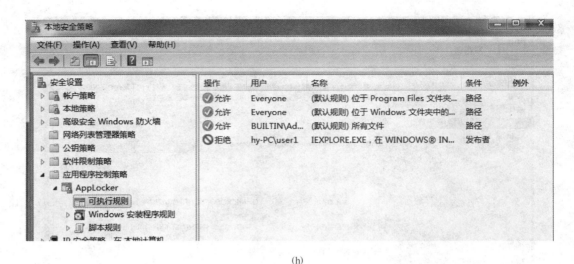

(h)

(i)

图 6-5　限制用户使用程序

作系统时，难免会出现设计上的疏漏，而这些疏漏就需要用户在以后的使用中进行修补。否则就可能引起安全上的问题，如以前暴发的震荡波、冲击波病毒，就是非常典型的由于系统漏洞而引起的安全问题。

　　用户刚刚安装好操作系统以后，可以利用 Windows 更新检查并下载可用更新，但另一种方式是使用第三方软件对系统漏洞进行扫描及修复。

　　本文以 360 安全卫士扫描并修复 Windows 7 操作系统漏洞为例，介绍使用软件扫描和修复系统漏洞的方法。360 安全卫士可在 www.360.cn 网站免费下载安装。安装过程如图 6-6 所示。

　　安装完毕后 360 安全卫士主界面如图 6-7 所示，选择"系统修复"，利用 360 安全卫士进行漏洞修复。

图 6-6　下载并安装 360 安全卫士

6.1.4　知识拓展

6.1.4.1　系统漏洞

系统漏洞是指应用软件或操作系统软件在逻辑设计上的缺陷或在编写时产生的错误，这个缺陷或错误可以被不法者或者电脑黑客利用，通过植入木马、病毒等方式来攻击或控制整个电脑，从而窃取用户电脑中的重要资料和信息，甚至破坏用户的系统。

Windows 系统漏洞问题是与时间紧密相关的。一个 Windows 系统从发布的那一天起，随着用户的深入使用，系统中存在的漏洞会被不断暴露出来，这些早先被发现的漏洞也会不断被微软公司发布的补丁软件修补，或在以后发布的新版系统中得以纠正。然而，在新

(a)

(b)

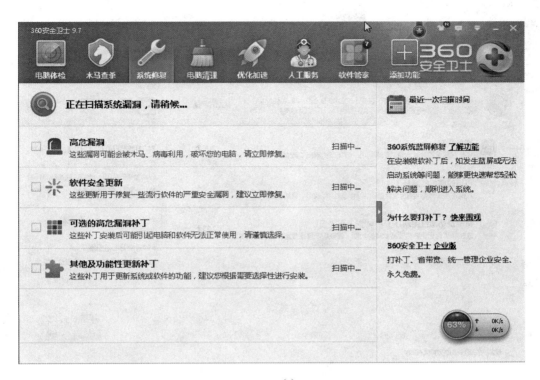

(c)

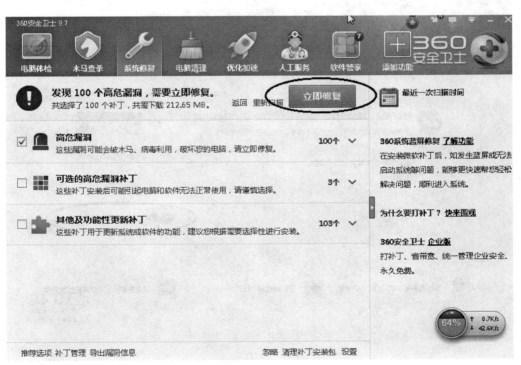

(d)

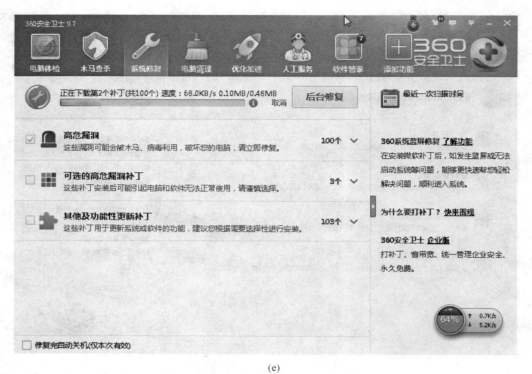

(e)

(f)

图 6-7　360 安全卫士修复系统

版系统纠正了旧版本中具有漏洞的同时，也会引入一些新的漏洞和错误。因而随着时间的推移，旧的系统漏洞会不断消失，新的系统漏洞会不断出现。系统漏洞问题也会长期存在。

任务 6.2 安装和设置查杀病毒软件

【知识要点】

知识目标：了解计算机病毒和木马的概念和特点。

能力目标：掌握在 360 防病毒、防木马软件的配置和使用。

6.2.1 任务描述与分析

6.2.1.1 任务描述

安装并配置防病毒、防木马软件。

6.2.1.2 任务分析

熟练使用 360 杀毒软件查杀病毒；熟练使用 360 安全卫士查杀木马。

6.2.2 相关知识

恶意代码是指故意编制或设置对网络或系统会产生威胁或潜在威胁的计算机代码。最常见的恶意代码有计算机病毒（简称病毒）、特洛伊木马（简称木马）、计算机蠕虫（简称蠕虫）、后门和逻辑炸弹等。

6.2.2.1 计算机病毒

计算机病毒（Computer Virus）是编制者在计算机程序中插入破坏计算机功能或者数据的代码，能影响计算机使用，并能自我复制的一组计算机指令或者程序代码。

计算机病毒具有传播性、隐蔽性、感染性、潜伏性、可激发性、表现性或破坏性。计算机病毒的生命周期：开发期→传染期→潜伏期→发作期→发现期→消化期→消亡期。

计算机病毒能潜伏在计算机的存储介质（或程序）里，条件满足时即被激活，通过修改其他程序的方法将自己的精确拷贝或者可能演化的形式放入其他程序中，感染其他程序，从而对计算机资源进行破坏，对其他用户的危害性很大。

计算机病毒被激活后常见的症状有：

（1）操作系统无法正常启动，关闭计算机后自动重启。操作系统报告缺少必要的启动文件，或启动文件被破坏。

（2）经常无缘无故地死机。

（3）运行速度明显变慢。

（4）能正常运行的软件，运行时却提示内存不足。

（5）打印机的通信发生异常，无法进行打印操作，或打印出来的是乱码。

（6）未使用软件，但自动出现读写操作。

6.2.2.2　木马病毒

木马（Trojan），也称木马病毒，是指通过特定的程序（木马程序）来控制另一台计算机。木马通常有两个可执行程序：一个是控制端，另一个是被控制端。木马这个名字来源于古希腊传说（荷马史诗中木马计的故事，即代指特洛伊木马，也就是木马计的故事）。"木马"程序是目前比较流行的病毒文件，与一般的病毒不同，它不会自我繁殖，也并不"刻意"地去感染其他文件。它通过将自身伪装吸引用户下载执行，向施种木马者提供打开被种主机的门户，使施种者可以任意毁坏、窃取被种者的文件，甚至远程操控被种主机。木马病毒的产生严重危害着现代网络的安全运行。

6.2.2.3　杀毒软件

杀毒软件，也称反病毒软件或防毒软件，是用于消除电脑病毒、木马和恶意软件等计算机威胁的一类软件。

杀毒软件通常集成监控识别、病毒扫描、清除和自动升级等功能，有的杀毒软件还带有数据恢复等功能，是计算机防御系统的重要组成部分。

"杀毒软件"由国内的老一辈反病毒软件厂商起的名字，后来由于和世界反病毒业接轨统称为"反病毒软件"、"安全防护软件"或"安全软件"。集成防火墙的"互联网安全套装"、"全功能安全套装"等用于消除电脑病毒、木马和恶意软件的这一类软件，都属于杀毒软件范畴。

6.2.3　任务实施

6.2.3.1　安装 360 杀毒

360 杀毒是 360 安全中心出品的一款免费的云安全杀毒软件。360 杀毒具有以下优点：查杀率高、资源占用少、升级迅速等。同时，360 杀毒可以与其他杀毒软件共存，是一个理想杀毒备选方案。

要安装 360 杀毒，首先在 360 官方网站 www.360.cn 下载最新版本的 360 杀毒安装程序，如图 6-8 所示。

下载完成后，运行下载的安装程序启动安装向导，如图 6-9 所示。

安装完毕后 360 杀毒主界面如图 6-10 所示。

6.2.3.2　360 杀毒设置

360 杀毒软件在安装时已设置好了在常规应用环境下检测、查杀病毒的策略，用户可以对其做进一步调整，完善软件防病毒查杀策略，最大限度保障 360 杀毒软件和系统的安全。设置过程如图 6-11 所示。

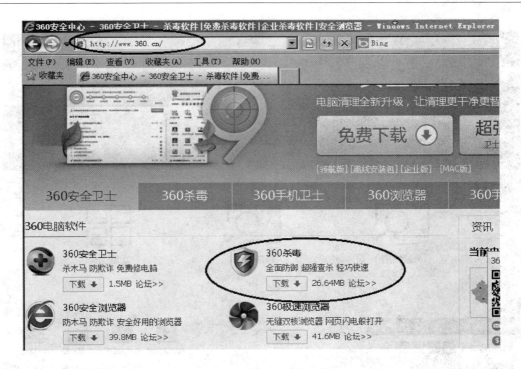

图 6-8   下载 360 杀毒软件

图 6-9   安装 360 杀毒软件

6.2.3.3   360 杀毒扫描

用户调用 360 杀毒软件的方式有多种，不同的方式主要体现在扫描策略不同，因此查杀效率有一些差异。

A   直接扫描

360 杀毒不扫描其他位置的文件，直接对预扫描的文件进行查杀，优点为速度快。此方式常用于系统已经处于 360 杀毒软件的保护模式下，只对新的文件进行扫描，操作方式

图 6-10　360 杀毒软件主界面

(a)

(b)

(c)

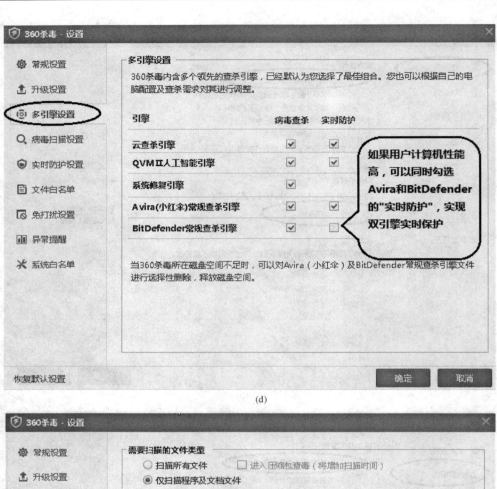

(d)

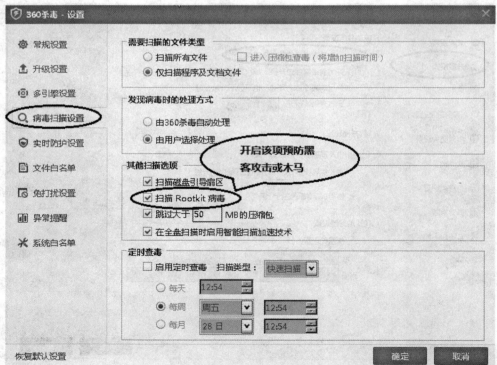

(e)

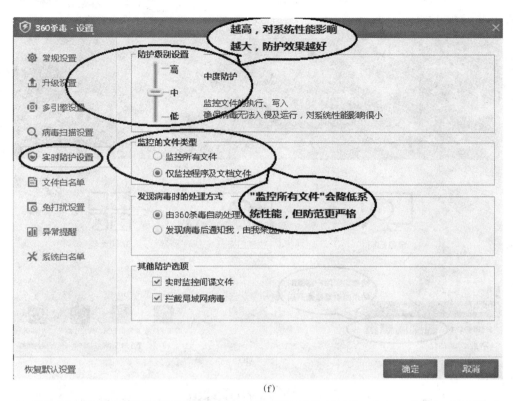

(f)

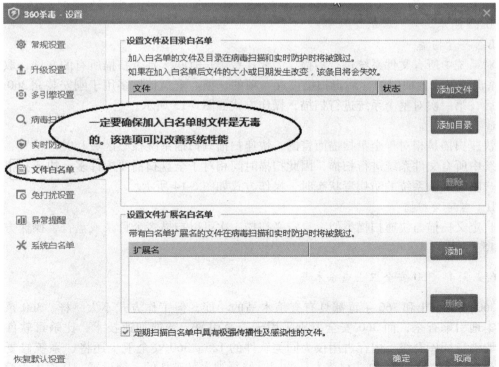

(g)

(h)

图 6-11　360 杀毒软件参数设置

如图 6-12 所示。

B　全盘扫描

对系统中所有文件系统进行扫描，需要耗费很长时间。是否扫描所有的文件，取决于 360 杀毒软件设置项中的"病毒扫描设置"项的选项。全盘扫描多用于刚安装完 360 杀毒软件后，第一次对整个系统进行扫描，操作方式如图 6-13 所示。

C　快速扫描

快速扫描是相对于全盘扫描而言的，快速扫描只扫描系统核心区域和关键位置，并不对系统中所有文件系统进行扫描，因此扫描时间相对于全盘扫描要短许多。快速扫描多用在用户临时确认系统的防病毒状态时，操作方式如图 6-14 所示。

D　自定义扫描

自定义扫描与快速扫描类似，自定义扫描一次可以扫描多个目录或盘符，操作方式如图 6-15 所示。

6.2.3.4　360 安全卫士查杀木马

360 安全卫士和 360 杀毒都具有查杀木马的功能，但工作方式不太一样。360 杀毒是利用本地引擎查杀，而 360 安全卫士采用云查杀引擎、智能加速技术，比杀毒软件快数倍；取消特征库升级，内存占用仅为同类软件的 1/5。360 安全卫士还将"系统修复"功能整合在"查杀木马"中，在杀木马的同时修复被木马破坏的系统设置，从而大大简化了用户的操作。

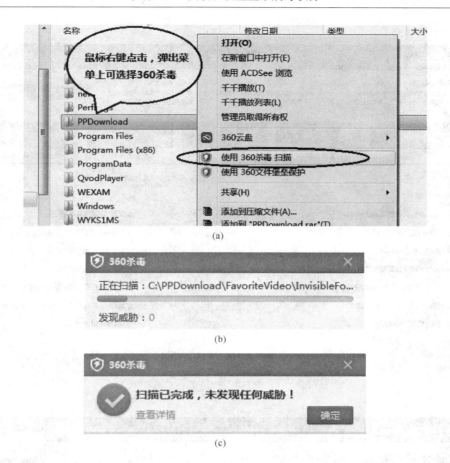

图 6-12 360 杀毒直接扫描

(a)

(b)

(c)

(d)

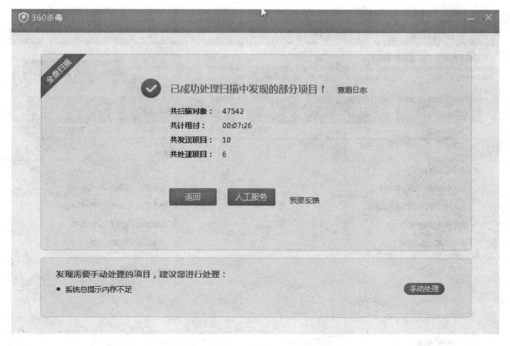

(e)

图 6-13 360 杀毒全盘扫描

(a)

(b)

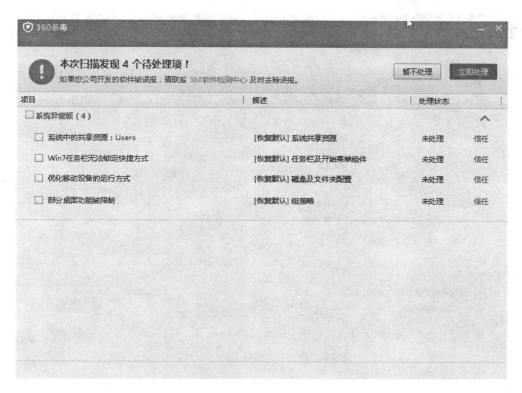

(c)

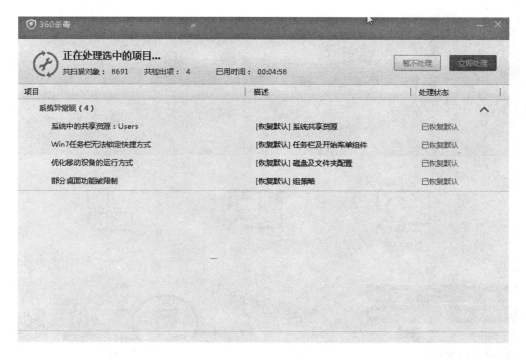

(d)

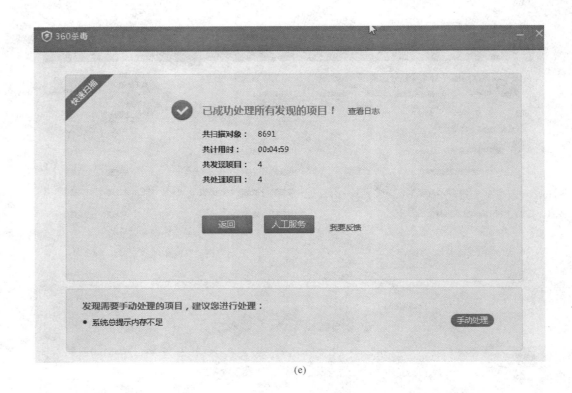

(e)

图 6-14　360 杀毒快速扫描

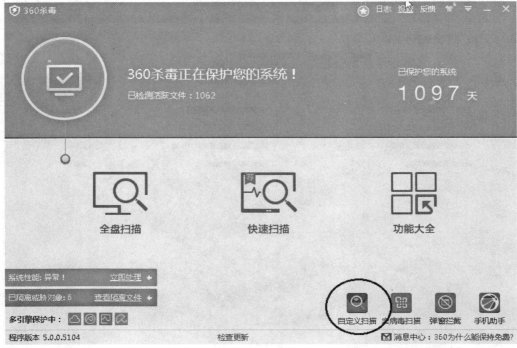

(a)

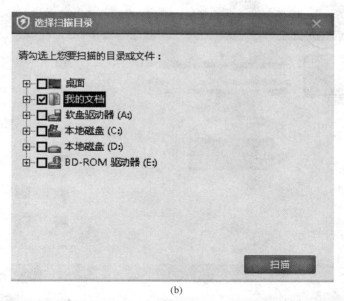

(b)

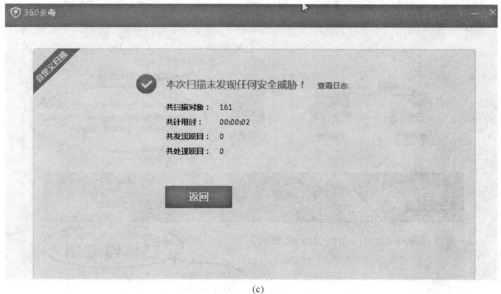

(c)

图 6-15　360 杀毒自定义扫描

　　360 安全卫士查杀木马适用于计算机已连接的 Internet 环境下。如果用户没有连接到 Internet，则应采用 360 杀毒等防病毒软件查杀木马。

　　A　安装木马查杀引擎

　　首先安装木马查杀引擎，如图 6-16 所示。

　　B　快速扫描

　　快速扫描只扫描系统关键位置的文件和内容模块，扫描不全面，但扫描时间相对较短，如图 6-17 所示。

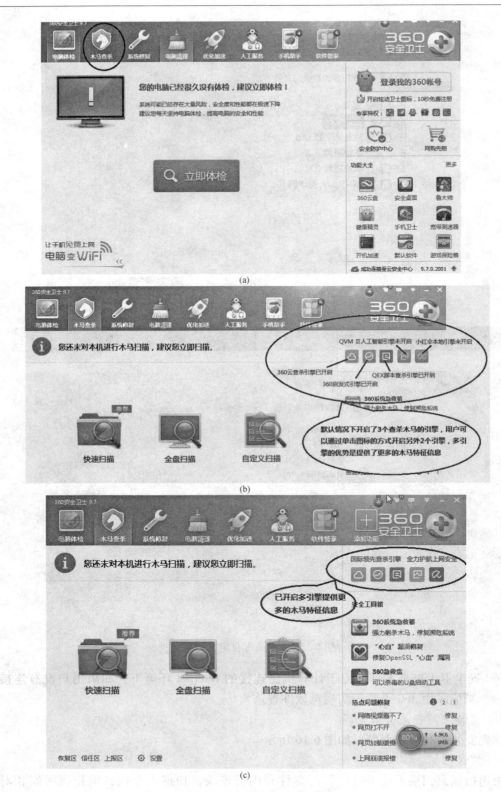

图 6-16　安装木马查杀引擎

(a)

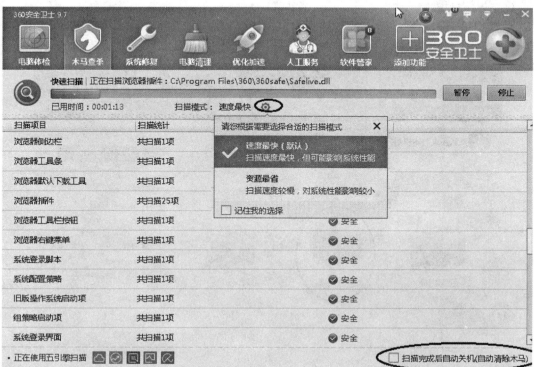

(b)

(c)

图 6-17　360 安全卫士快速查杀木马

C　全盘扫描

全盘扫描会扫描系统所有的文件和内容模块，扫描全面，但扫描时间较长，如图 6-18 所示。

(a)

(b)

(c)

图 6-18　360 安全卫士全盘查杀木马

D 自定义扫描

自定义扫描可根据用户需要对多个特定目录进行扫描，使用灵活，如图 6-19 所示。

(a)   (b)

(c)

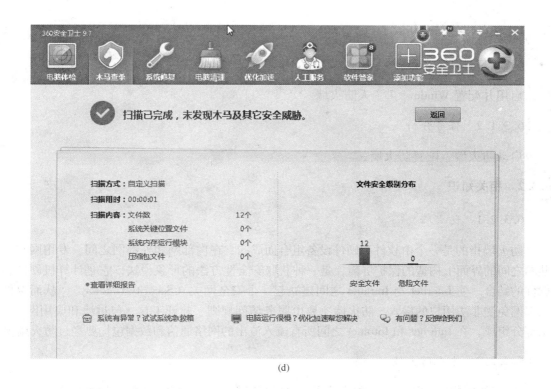

(d)

图 6-19　360 安全卫士自定义查杀木马

6.2.4　知识拓展

6.2.4.1　杀毒引擎

杀毒引擎就是一套判断特定程序行为是否为病毒程序（包括可疑的）的技术机制。

杀毒引擎是杀毒软件的主要部分，是去检测和发现病毒的程序。而病毒库是已经发现的病毒的标本。用病毒库中的标本去对照机器中的所有程序或文件，看是不是符合这些标本，符合则是病毒，否则就不一定是病毒（因为还有很多没有被发现的或者刚刚产生的病毒）。

一般来说，判断杀毒引擎好坏应从多方面综合考虑，主要包括：扫描速度、资源占用、清毒能力、对于多态病毒的检测、脱壳能力、解密能力、对抗花指令能力、对抗改入口点的变种病毒的能力、对抗变种病毒、免杀的能力，还有稳定性、兼容性。

任务 6.3　设置个人防火墙

【知识要点】

知识目标：了解计算机防火墙的作用。

能力目标：掌握在 Windows 7 个人防火墙的配置。

6.3.1　任务描述与分析

6.3.1.1　任务描述

启用并配置 Windows 7 个人防火墙。

6.3.1.2　任务分析

启动防火墙，配置防火墙。

6.3.2　相关知识

6.3.2.1　防火墙

防火墙指的是一个由软件和硬件设备组合而成的、在内部网和外部网之间、专用网与公共网之间的界面上构造的保护屏障，是一种获取安全性方法的形象说法，它是计算机硬件和软件的结合，使 Internet 与 Intranet 之间建立起一个安全网关（Security Gateway），从而保护内部网免受非法用户的侵入，防火墙主要由服务访问规则、验证工具、包过滤和应用网关 4 个部分组成，在 Internet 和 Intranet 之间所有流入流出的网络通信和数据包均要经过防火墙。

6.3.2.2　个人防火墙

个人防火墙顾名思义是一种个人行为的防范措施，这种防火墙不需要特定的网络设备，只要在用户所使用的 PC 上安装软件即可。

个人防火墙把用户的计算机和公共网络分隔开，它检查到达防火墙两端的所有数据包，无论是进入还是发出，并根据安全规则对特定的包进行拦截。个人防火墙是一种常见的保护个人计算机接入互联网的有效安全措施。

常见的个人防火墙有：微软个人防火墙、天网防火墙个人版、瑞星个人防火墙、江民黑客防火墙等。

6.3.2.3　ICMP 协议

Internet 控制消息协议（Internet Control Message Protocol，ICMP）是 TCP/IP 协议簇中的一个子协议，用于在 IP 主机、路由器之间传递控制消息。控制消息是指网络通不通、主机是否可达、路由是否可用等网络本身的消息，这些控制消息虽然并不传输用户数据，但是对于用户数据的传递起着重要的作用。比如经常使用的用于检查网络通不通的 Ping 命令实际上就是 ICMP 协议工作的过程，还有诸如跟踪路由的 Tracert 命令也是基于 ICMP 协议的。

6.3.3　任务实施

6.3.3.1　启动和关闭 Windows 7 个人防火墙

自从 Windows XP 开始，微软就在其操作系统中内置了个人防火墙，Windows 7 启动和关闭个人防火墙如图 6-20 所示。

(a)

(b)

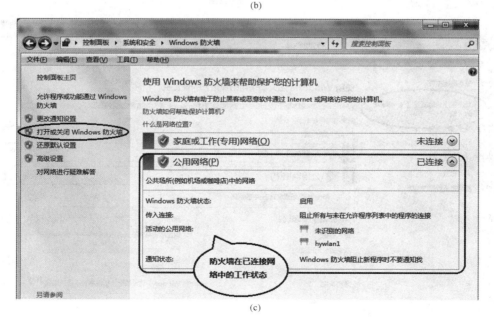

(c)

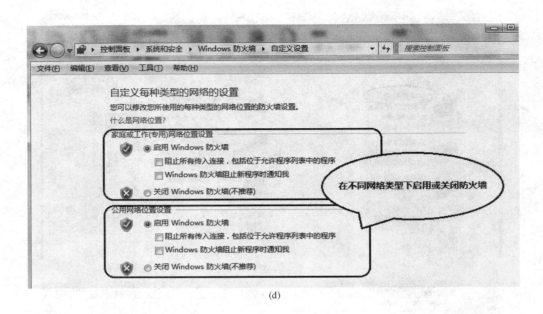

(d)

图 6-20　启停 Windows 7 个人防火墙

6.3.3.2　允许或禁止程序通过防火墙访问网络

例如 WinRAR 可通过如图 6-21 所示方式设置通过防火墙。

6.3.3.3　设置防火墙入站、出站连接行为

防火墙入站、出站连接行为是指当防火墙获取到访问入站或出站的数据包时，防火墙应该采取何种行为。

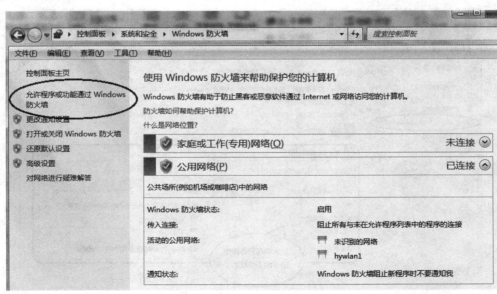

(a)

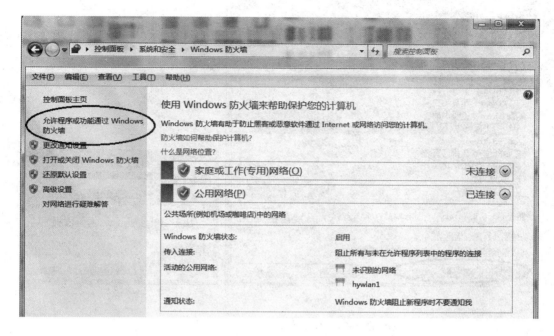

(b)

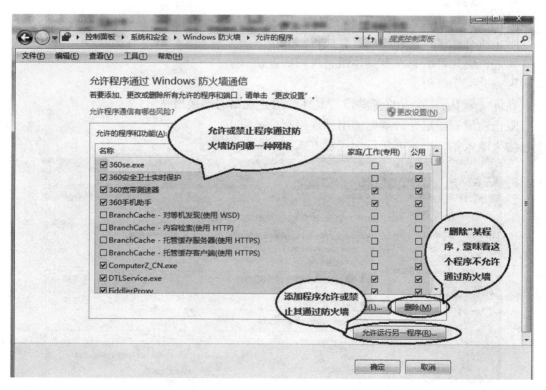

(c)

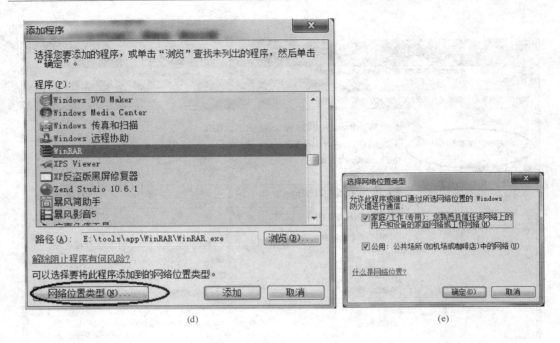

(d)　　　　　　　　　　　　　　　　(e)

图 6-21　允许或禁止程序通过防火墙

A　入站连接

阻止（默认）：没有指定具体允许规则的连接都会被阻止。

阻止所有连接：这样的设置会使得防火墙"阻止所有，而且没有例外"。

允许：会允许所有没有具体阻止规则的连接。

B　出站连接

允许（默认）：会允许那些没有具体的阻止规则的连接出站。

阻止：没有指定允许规则的出站连接都会被阻止。

防火墙入站、出站连接行为设置方式如图 6-22 所示。

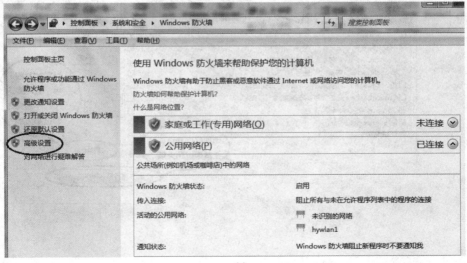

(a)

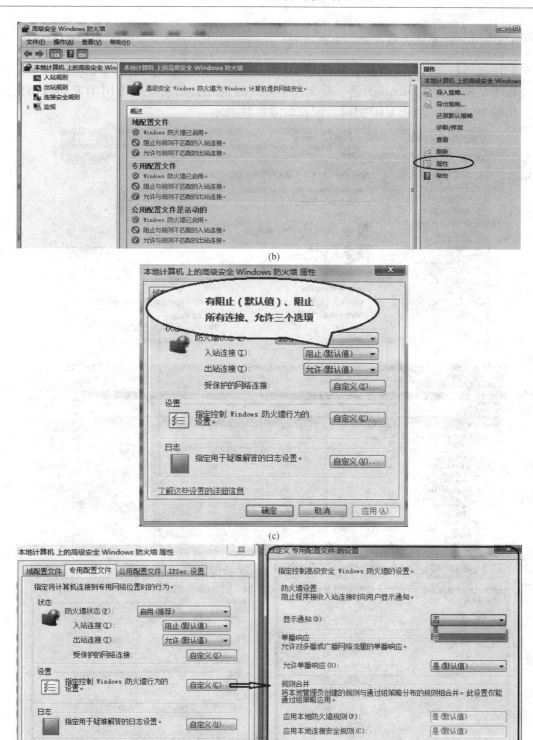

图 6-22　设置入站、出站行为

6.3.3.4　设置防火墙入站、出站规则

程序被运行通过防火墙后，可利用防火墙高级设置对其做进一步详细的限制。

以上文添加的 WinRAR 为例，规定 WinRAR 只能在公用网类型中用 TCP 协议访问远程主机的 80 端口，禁止 UTP 协议。配置如图 6-23 所示。

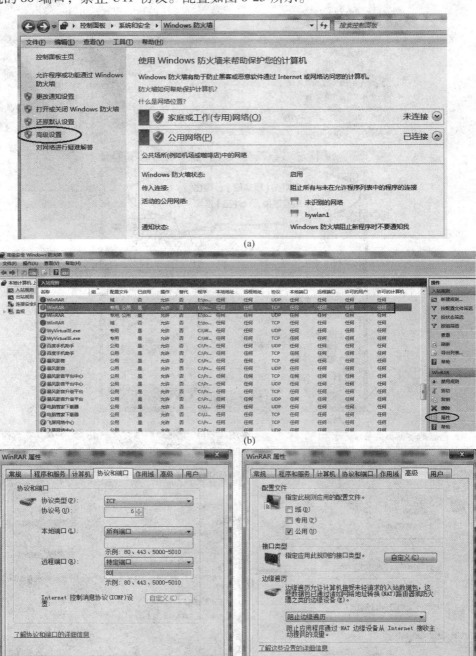

(a)

(b)

(c)　　　　　　　　　　　　　　　　　　(d)

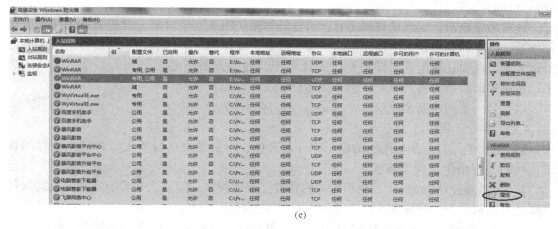

(e)

(f)

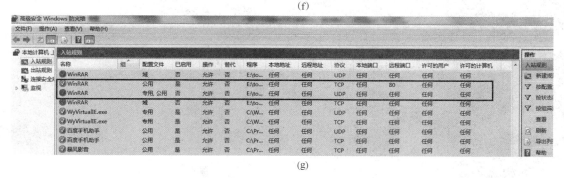

(g)

图 6-23 设置防火墙出站、入站规则

6.3.4 知识拓展

6.3.4.1 网络攻击及防范

网络攻击是指利用网络存在的漏洞和安全缺陷对网络系统的硬件、软件及其系统中的数据进行的攻击。

　　针对网络攻击，应当认真制定有针对性的策略。明确安全对象，设置强有力的安全保障体系。一方面利用技术手段在网络中层层设防，发挥网络的每层作用，使每一层都成为一道关卡，从而让攻击者无隙可钻、无计可施。另一方面还必须做到未雨绸缪，预防为主，将重要的数据备份并时刻注意系统运行状况。

　　以下是一些网络安全建议：

　　（1）提高安全意识。

　　1）不要随意打开来历不明的电子邮件及文件，不要随便运行不太了解的人给你的程式，比如"特洛伊"类黑客程式。

　　2）尽量避免从 Internet 下载不知名的软件、游戏程式。即使从知名的网站下载的软件也要及时进行最新的病毒和木马查杀，对软件和系统进行扫描。

　　3）密码设置尽可能使用字母数字混排，单纯的英文或数字非常容易穷举。将常用的密码设置不同，防止被人查出一个，连带到重要密码。重要密码最好经常更换。

　　4）及时下载安装系统补丁程式。

　　5）不随便运行黑客程式，不少这类程式运行时会发出个人信息。

　　6）在支持 HTML 的 BBS 上，如发现提交警告，先看原始码，它非常可能是骗取密码的陷阱。

　　（2）使用防火墙软件。

　　使用防毒、防黑等防火墙软件。在网络边界上通过建立起来的相应网络通信监视系统来隔离内部和外部网络，以阻挡外部网络的侵入。将防毒、防黑当成日常例行工作，定时更新防毒组件，将防毒软件保持在常驻状态以完全防毒。

情境 7　网络故障的分析与排除

任务 7.1　网络连接故障处理

【知识要点】

知识目标：了解网络连接参数的作用。

能力目标：掌握判断本机网络故障的方法。

7.1.1　任务描述与分析

7.1.1.1　任务描述

在人们的日常生活中，难免会碰到无法访问网络的情况。本文介绍一些简单的网络故障排除方法，帮助用户快速定位网络故障。

7.1.1.2　任务分析

检查网卡驱动、TCP/IP 协议、网络连接、网关。

7.1.2　相关知识

7.1.2.1　域名系统（DNS）作用

域名系统（Domain Name System，DNS），是 Internet 上作为域名和 IP 地址相互映射的一个分布式数据库，用户通过使用主机名称而不是 IP 地址的方式能够更方便地访问互联网。利用 DNS 将主机名"翻译"成对应的 IP 地址的过程称为域名解析（或主机名解析）。

DNS 服务器是指安装了 DNS 服务软件并向网络提供 DNS 服务的计算机。需要使用 DNS 服务的计算机必须配置至少一个 DNS 服务器的 IP 地址，并通过此 DNS 服务器将主机名解析成 IP 地址，在解析过程中通常需要查阅多个其他的 DNS 服务器。

当 DNS 解析出现错误，例如把一个域名解析成一个错误的 IP 地址，或者根本不知道某个域名对应的 IP 地址是什么时，就无法通过域名访问相应的站点，这就是 DNS 解析故障。出现 DNS 解析故障最大的症状就是访问站点对应的 IP 地址没有问题，然而访问它的域名就会出现错误。

7.1.2.2　SSID

SSID 是 Service Set Identifier 的缩写，意思是：服务集标识。SSID 技术可以将一个无线局域网分为几个需要不同身份验证的子网络，每一个子网络都需要独立的身份验证，只有通过身份验证的用户才可以进入相应的子网络，防止未被授权的用户进入本网络。

　　需要注意的是，同一生产商推出的无线路由器或 AP 都使用了相同的 SSID，一旦那些企图非法连接的攻击者利用通用的初始化字符串来连接无线网络，就极易建立起一条非法的连接，从而给用户的无线网络带来威胁。因此，建议最好能够将 SSID 命名为一些较有个性的名字。无线路由器一般都会提供"允许 SSID 广播"功能。如果用户不想让自己的无线网络被别人通过 SSID 名称搜索到，那么最好"禁止 SSID 广播"。用户的无线网络仍然可以使用，只是不会出现在其他人所搜索到的可用网络列表中。

7.1.3　任务实施

7.1.3.1　检查系统网卡驱动

　　计算机网卡是用户上网的基本前提，所以应首先检查网卡是否被操作系统正确安装。操作过程如图 7-1 所示。

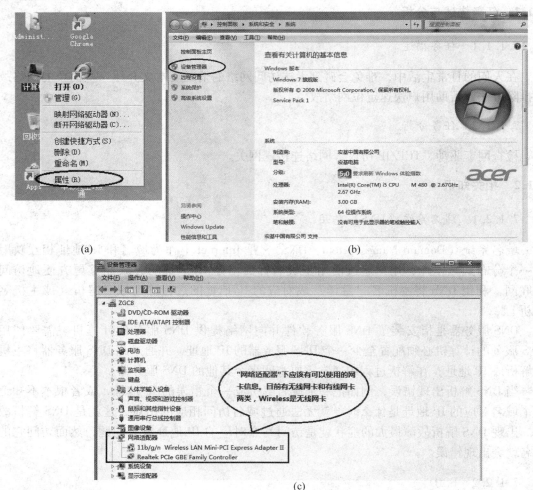

图 7-1　检查设备

若网卡图标上出现 X、?、! 符号，说明网卡驱动程序有故障或被禁用，用户需要新安装网卡驱动。

7.1.3.2 检查 TCP/IP 协议

Internet 计算机使用的是 TCP/IP 协议，用户计算机在安装网卡的时候，一般都会安装TCP/IP 协议，但也不排除用户计算机 TCP/IP 协议出现故障的情况。

如图 7-2 所示，在微软 Windows 环境下检查本机 TCP/IP 协议是否有效，可用命令 ping127.0.0.1 地址，如果在 ping 127.0.0.1 时，收到错误回馈，那说明系统本身的 TCP/IP 网络协议可能存在问题。当 TCP/IP 出现故障时，就需要重新安装 TCP/IP 协议。

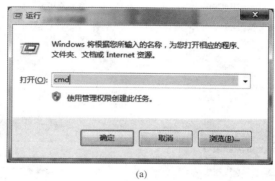

(a)

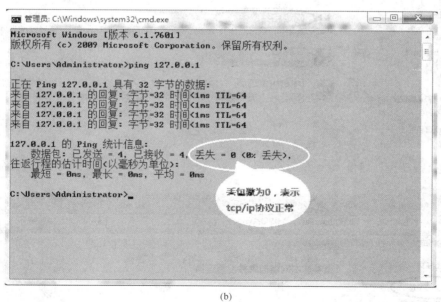

(b)

图 7-2 检查 TCP/IP 协议

7.1.3.3 有线网络配置及故障分析

A 检查本地连接

计算机网卡、网络协议参数配置正确后，计算机才能正常上网，用户可以通过查看网络适配器了解有线网络本地连接状态和参数，进而分析出现的网络故障，并做出正确的处理，如图 7-3 所示。

(a)

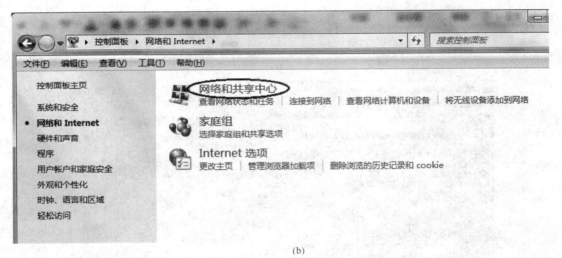

(b)

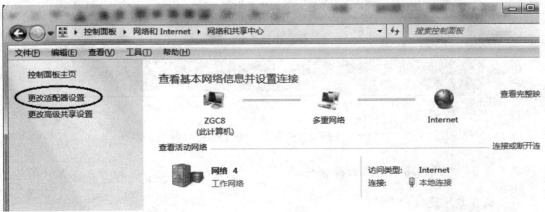

(c)

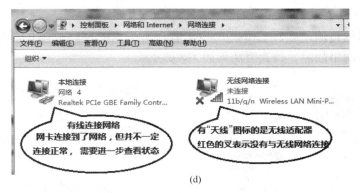

(d)

图 7-3　检查本地连接

需要注意的是，如果"本地连接"图标是"灰色"的，则表示本地连接被"禁用"，用户可以用鼠标右击"本地连接"图标，在弹出菜单中选择"启用"即可。

B　检查本地连接状态

本地连接状态能够反映网卡的工作状态和设置参数，检查方法如图 7-4 所示。

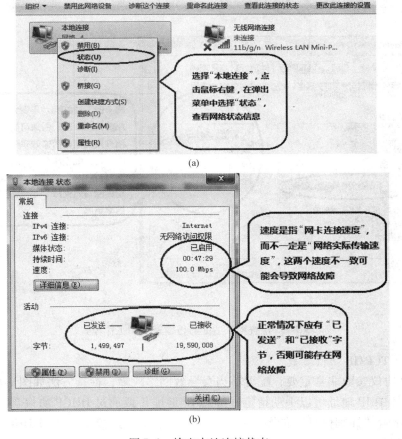

图 7-4　检查本地连接状态

C　检查网卡适配器传输速度和工作模式

网卡适配器的传输速度、工作模式必须适合所接入的网络介质的传输速度、工作模式，否则会导致网络故障，检查方法如图 7-5 所示。

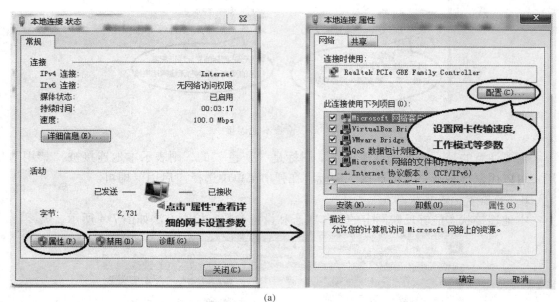

(a)

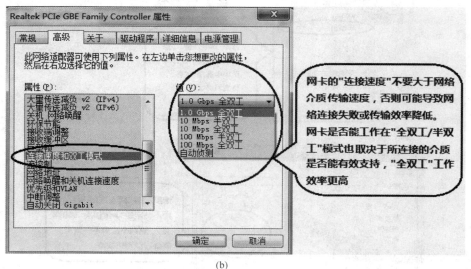

(b)

图 7-5　检查网卡适配器传输速度和工作模式

D　检查 TCP/IP 协议参数

TCP/IP 协议参数非常重要，配置不当会导致网络故障，检查方法如图 7-6 所示。

本地连接中 IP 地址可以手动指定（静态 IP 地址）或通过 DHCP 协议自动获取（动态 IP 地址），显示"详细信息"如图 7-7 所示，则表示本地连接无法通过 DHCP 协议获得正确地址，这时用户可能需要手动指定 IP 地址。

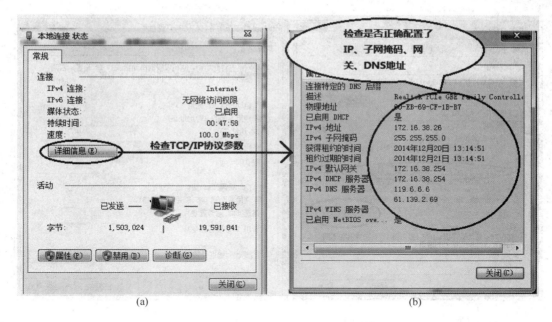

(a)　　　　　　　　　　　　　　　　　　(b)

图 7-6　网卡已配置的 TCP/IP 参数

图 7-7　DHCP 失败后的 IP 地址

　　手动指定 IP 地址时，用户需要知道正确的 IP 地址，子网掩码，网关和 DNS 地址。设置过程如图 7-8 所示。

　　E　检查本机与网关的通信是否正常

　　在上述检查和设置完成后，用户应获得本地连接网关地址信息，此时，用户可用如图 7-9 所示的 ping 命令检查本机是否能够与网关地址通信。如果不通，对动态 IP 地址用户而言，需要检查网关设备是否存在或正常工作。对于静态 IP 用户而言，除了上述原因以外，

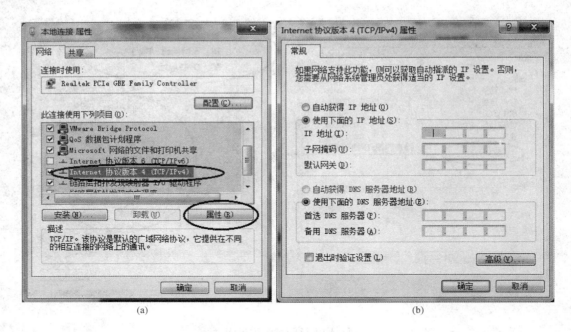

图 7-8　手动设置 IP 参数

用户应该检查静态 IP 地址是否设置正确。

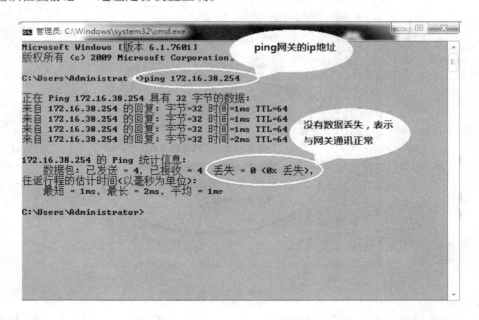

图 7-9　ping 命令检查与网关通信

7.1.3.4　无线网络配置及故障分析

A　检查无线网络连接状态

无线网卡本地连接参数和设置方法大多数与有线网络本地连接相同，区别主要在无线通信协议和安全设置方面，用户可以通过查看网络适配器了解无线本地连接状态和参数，进而分析出现的网络故障，并做出正确的处理，如图 7-10 所示。

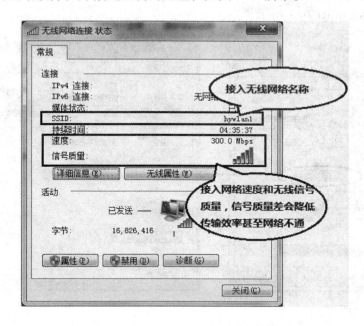

图 7-10 查看无线网络连接状态（已连接到网络）

如图 7-11 所示表示没有连接到无线网络。

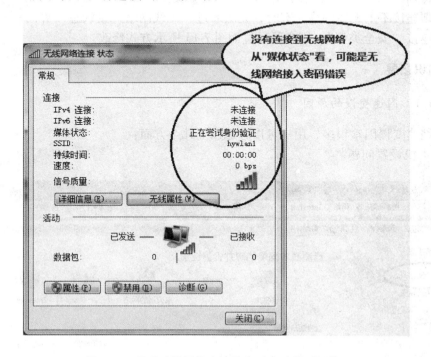

图 7-11 查看无线网络连接状态（未连接到网络）

B　检查无线网络接入密码

网卡能够收到无线网络信号，但出于"正在尝试身份验证"状态，检查"网络安全密钥"是否正确，如图 7-12 所示。

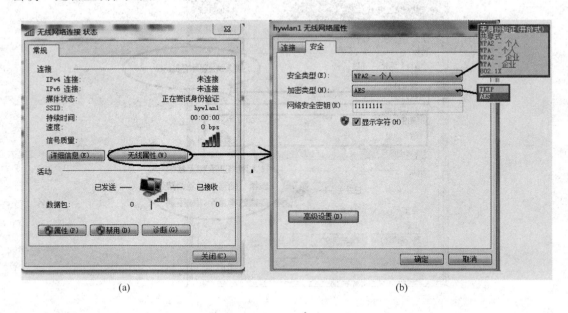

图 7-12　查看无线网络接入密码

需要特别注意的是，无线网络连接的"安全类型"必须与无线网络的"安全类型"一致，否则连接不上无线网络。有时，无法通过"无线网络连接状态"界面修改已存在的无线网络连接"安全类型"，用户可通过如图 7-13 所示方式修改。

7.1.4　知识拓展

7.1.4.1　网速变慢的原因

影响网速变慢因素很多，用户可以考虑以下几个方面：

（1）本机设置问题。

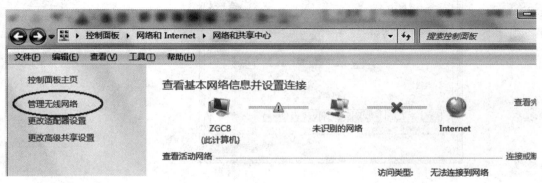

(a)

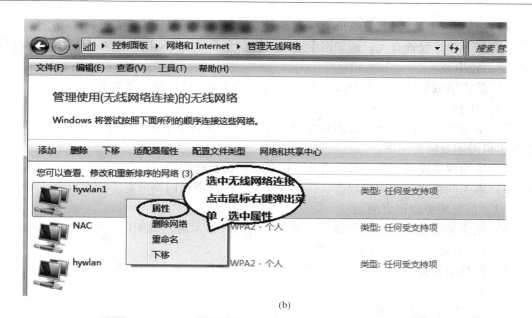

(b)

(c)

图 7-13　修改无线网络安全类型

1）系统有病毒，尤其是蠕虫类病毒，严重消耗系统资源。

2）网卡参数设置有无，例如网卡连接速度、全双工/半双工工作模式设置不当导致网络传输丢包率高。

3）防火墙或其他网络安全或控制软件限制了网络连接数量、带宽等。

（2）本机接入网络问题。

1）本地网络速度太慢，过多台电脑共享上网，或共享上网用户中有大量下载时也会出现本机网速变慢的问题。

2）本地网络设备问题，线路老化、虚接、路由器故障等。

3）本地网络中存在网络攻击、病毒或蠕虫，严重消耗网络带宽。

（3）信息服务提供者问题。

1）用户和信息服务提供者属于不同的网络接入营运商，例如电信用户与网通网站之间的访问，也会出现某些应用网速变慢现象。

2）信息服务提供者负荷太重、带宽相对太窄或程序设计不合理，也会出现某些应用网速变慢的现象。

（4）网络接入营运商问题。

一般网络接入营运商会根据与用户签订的合同，提供合同指定带宽的网络接入服务，但不排除营运商配置出错导致的网速变慢现象。

参 考 文 献

［1］佚名．计算机网络基础［EB/OL］．http：//wenku. baidu. com/view/c37814c9e53a580216fcfeab？fr = prin 2014. 05 23-59.

［2］佚名．路由器介绍［EB/OL］．http：//baike. baidu. com/view/1360. htm 2014. 05.

［3］佚名．IP 地址的相关计算［EB/OL http：//wenku. baidu. com/link？url = KgMHiNGtoZJOoVvTEqrBvgB7r9OTn G83zQFzroyXDPIjB2aEt-fpktkIMZ4dwUaE8ZGbjsKo9DQ_8wckMqtLUkQ-1NyLPWbfMTkPL2AuFf7 2014. 05.

［4］崔晶，刘广忠，等．网络工程师实用培训教程系列：计算机网络基础（第一版）［M］．北京：清华大学出版社，2010.

参考文献

冶金工业出版社部分图书推荐

书　　名	作　者	定价(元)
现代企业管理(第 2 版)(高职高专教材)	李　鹰	42.00
Pro/Engineer Wildfire 4.0(中文版)钣金设计与 　焊接设计教程(高职高专教材)	王新江	40.00
Pro/Engineer Wildfire 4.0(中文版)钣金设计与 　焊接设计教程实训指导(高职高专教材)	王新江	25.00
应用心理学基础(高职高专教材)	许丽遐	40.00
建筑力学(高职高专教材)	王　铁	38.00
建筑 CAD(高职高专教材)	田春德	28.00
冶金生产计算机控制(高职高专教材)	郭爱民	30.00
冶金过程检测与控制(第 3 版)(高职高专教材)	郭爱民	48.00
天车工培训教程(高职高专教材)	时彦林	33.00
机械制图(高职高专教材)	阎　霞	30.00
机械制图习题集(高职高专教材)	阎　霞	28.00
冶金通用机械与冶炼设备(第 2 版)(高职高专教材)	王庆春	56.00
矿山提升与运输(第 2 版)(高职高专教材)	陈国山	39.00
高职院校学生职业安全教育(高职高专教材)	邹红艳	22.00
煤矿安全监测监控技术实训指导(高职高专教材)	姚向荣	22.00
冶金企业安全生产与环境保护(高职高专教材)	贾继华	29.00
液压气动技术与实践(高职高专教材)	胡运林	39.00
数控技术与应用(高职高专教材)	胡运林	32.00
洁净煤技术(高职高专教材)	李桂芬	30.00
单片机及其控制技术(高职高专教材)	吴　南	35.00
焊接技能实训(高职高专教材)	任晓光	39.00
心理健康教育(中职教材)	郭兴民	22.00
起重与运输机械(高等学校教材)	纪　宏	35.00
控制工程基础(高等学校教材)	王晓梅	24.00
固体废物处置与处理(本科教材)	王　黎	34.00
环境工程学(本科教材)	罗　琳	39.00
机械优化设计方法(第 4 版)	陈立周	42.00
自动检测和过程控制(第 4 版)(本科国规教材)	刘玉长	50.00
金属材料工程认识实习指导书(本科教材)	张景进	15.00
电工与电子技术(第 2 版)(本科教材)	荣西林	49.00
计算机网络实验教程(本科教材)	白　淳	26.00
FORGE 塑性成型有限元模拟教程(本科教材)	黄东男	32.00